Craftsman Cook, Korean Food

최신 출제기준에 맞춘

한식
조리기능사

실기 필기

김종복 · 황은경 공저

(주)백산출판사

머리말

외식트렌드의 변화가 전문 조리인력 양성에 지표가 된다. 하지만 2019년 코로나-19(COVID-19)는 외식산업 및 전반적인 사회분야에 엄청난 변화의 바람을 몰고 왔다. 하지만 인간의 기본 욕구 중 하나인 조리는 끊임없이 변화하며 성장하고 있다.

현대의 조리는 과학적으로 변화되고 합리적·체계적 시각에서 기능적인 맛을 추구해야 하므로 전문인력을 토대로 하는 교육기관이 생기고 사회에서는 전문기술인력을 요구하고 있다.

저자는 30년 조리경험과 교육경험의 노하우를 통해 보다 체계적이고 과학적인 방법으로 기초 조리인 기능사의 한식분야에서 쌓아온 경험을 토대로 한국산업인력공단 검증원에 준하는 레시피를 교육생들이 따라올 수 있는 쉬운 방법으로 서술하였다.

본 조리서는 한식조리의 밥, 죽, 국, 탕, 찌개, 전, 적, 생채, 회, 조림, 초 조리, 구이, 숙채, 볶음의 기본적인 한식조리를 올바르게 습득할 수 있도록 하여 조리기능사 자격증을 취득하는 데 도움이 되도록 구성하였다.

조리인의 길은 멀고 험란하다.

브라운관에 나오는 셰프(Chef)들이나 7성급 호텔에서의 멋진 모습만 상상하다가는 큰코다치기 십상이다.

구중물에 손을 담가 설거지를 하다가 환상이 깨지면서 자아를 드러내게 된다.

'이러려고 내가 이 길을 택했던가…'

꿈이 없으면 멀리 갈 수 없다.

가슴속에 꿈이 있으면 더 멀리 갈 수 있고 더 높이 날 수 있다.

차례

한식조리기능사 실기시험 관련 안내

1 위생상태 및 안전관리 세부기준 안내

순번	구분	세부기준

1	위생복 상의	• 전체 흰색, 손목까지 오는 긴소매
		   – 조리과정에서 발생 가능한 안전사고(화상 등) 예방 및 식품위생
		    (체모 유입방지, 오염도 확인 등) 관리를 위한 기준 적용
		   – 조리과정에서 편의를 위해 소매를 접어 작업하는 것은 허용
		   – 부직포, 비닐 등 화재에 취약한 재질이 아닐 것, 팔토시 착용은
		    긴팔로 불인정
		 • 상의 여밈은 위생복에 부착된 것이어야 하며 벨크로(일명 찍찍이),
		  단추 등의 크기, 색상, 모양, 재질은 제한하지 않음(단, 핀 등 별도
		  부착한 금속성은 제외)

2	위생복 하의	• 색상 · 재질 무관, 안전과 작업에 방해가 되지 않는 긴바지 – 조리기구 낙하, 화상 등 안전사고 예방을 위한 기준 적용

3	위생모	• 전체 흰색, 빈틈이 없고 바느질 마감처리가 되어 있는 일반 조리장
		  에서 통용되는 위생모(모자의 크기, 길이, 모양, 재질(면 · 부직포
		  등)은 무관)

4	앞치마	• 전체 흰색, 무릎 아래까지 덮이는 길이
		   – 상하일체형(목끈형) 가능, 부직포 · 비닐 등 화재에 취약한 재질
		    이 아닐 것

5	마스크	• 침액을 통한 위생상의 위해 방지용으로 종류는 제한하지 않음(단,
		  감염병 예방법에 따라 마스크 착용 의무화 기간에는 '투명 위생 플
		  라스틱 입가리개'는 마스크 착용으로 인정하지 않음)

순번	구분	세부기준
6	위생화 (작업화)	• 색상 무관, 굽이 높지 않고 발가락·발등·발뒤꿈치가 덮여 안전사고를 예방할 수 있는 깨끗한 운동화 형태
7	장신구	• 일체의 개인용 장신구 착용 금지(단, 위생모 고정을 위한 머리핀 허용)
8	두발	• 단정하고 청결할 것, 머리카락이 길 경우 흘러내리지 않도록 머리망을 착용하거나 묶을 것
9	손 / 손톱	• 손에 상처가 없어야 하나, 상처가 있을 경우 보이지 않도록 할 것 (시험위원 확인하에 추가 조치 가능) • 손톱은 길지 않고 청결하며 매니큐어, 인조손톱 등을 부착하지 않을 것
10	폐식용유 처리	• 사용한 폐식용유는 시험위원이 지시하는 적재장소에 처리할 것
11	교차오염	• 교차오염 방지를 위한 칼, 도마 등 조리기구 구분 사용은 세척으로 대신하여 예방할 것 • 조리기구에 이물질(예, 테이프)을 부착하지 않을 것
12	위생관리	• 재료, 조리기구 등 조리에 사용되는 모든 것은 위생적으로 처리하여야 하며, 조리용으로 적합한 것일 것
13	안전사고 발생 처리	• 칼 사용(손 빔) 등으로 안전사고 발생 시 응급조치를 하여야 하며, 응급조치에도 지혈되지 않을 경우 시험진행 불가
14	부정 방지	• 위생복, 조리기구 등 시험장 내 모든 개인물품에는 수험자의 소속 및 성명 등의 표식이 없을 것(위생복의 개인 표식 제거는 테이프로 부착 가능)
15	테이프 사용	• 위생복 상의, 앞치마, 위생모의 소속 및 성명을 가리는 용도로만 허용

※ 위 내용은 안전관리인증기준(HACCP) 평가(심사) 매뉴얼, 위생등급 가이드라인 평가 기준 및 시행상의 운영사항을 참고하여 작성된 기준입니다.

2 위생상태 및 안전관리에 대한 채점기준 안내

위생 및 안전 상태	채점기준
1. 위생복(상/하의), 위생모, 앞치마, 마스크 중 한 가지라도 미착용한 경우 2. 평상복(흰티셔츠, 와이셔츠), 패션모자(흰털모자, 비니, 야구모자) 등 기준을 벗어난 위생복을 착용한 경우	실격 (채점대상 제외)
3. 위생복(상/하의), 위생모, 앞치마, 마스크를 착용하였더라도 • 무늬가 있거나 유색의 위생복 상의 · 위생모 · 앞치마를 착용한 경우 • 흰색의 위생복 상의 · 앞치마를 착용하였더라도 부직포, 비닐 등 화재에 취약한 재질의 복장을 착용한 경우 • 팔꿈치가 덮이지 않는 짧은 팔의 위생복을 착용한 경우 • 위생복 하의의 색상, 재질은 무관하나 짧은 바지, 통이 넓은 힙합스타일 바지, 타이츠, 치마 등 안전과 작업에 방해가 되는 복장을 착용한 경우 • 위생모가 뚫려 있어 머리카락이 보이거나, 수건 등으로 감싸 바느질 마감 처리가 되어 있지 않고 풀어지기 쉬워 일반 조리장용으로 부적합한 경우 4. 이물질(예, 테이프) 부착 등 식품위생에 위배되는 조리기구를 사용한 경우	'위생상태 및 안전관리' 점수 전체 0점
5. 위생복(상/하의), 위생모, 앞치마, 마스크를 착용하였더라도 • 위생복 상의가 팔꿈치를 덮기는 하나 손목까지 오는 긴소매가 아닌 위생복(팔토시 착용은 긴소매로 불인정), 실험복 형태의 긴 가운, 핀 등 금속을 별도 부착한 위생복을 착용하여 세부기준을 준수하지 않았을 경우 • 테두리선, 칼라, 위생모 짧은 창 등 일부 유색의 위생복 상의 · 위생모 · 앞치마를 착용한 경우(테이프 부착 불인정) • 위생복(상/하의), 위생모, 앞치마, 마스크에 수험자의 소속 및 성명을 테이프 등으로 가리지 않았을 경우 6. 위생화(작업화), 장신구, 두발, 손/손톱, 폐식용유 처리, 안전사고 발생처리 등 '위생상태 및 안전관리 세부기준'을 준수하지 않았을 경우 7. '위생상태 및 안전관리 세부기준' 이외에 위생과 안전을 저해하는 기타 사항이 있을 경우	'위생상태 및 안전관리' 점수 일부 감점

※ 위 기준에 표시되어 있지 않으나 일반적인 개인위생, 식품위생, 주방위생, 안전관리를 준수하지 않을 경우 감점처리될 수 있습니다.
※ 수도자의 경우 제복 + 위생복 상의/하의, 위생모, 앞치마, 마스크 착용 허용

직무 분야	음식 서비스	중직무 분야	조리	자격 종목	한식조리기능사	적용 기간	2020.1.1.~ 2022.12.31.

• 직무내용 : 한식메뉴 계획에 따라 식재료를 선정, 구매, 검수, 보관 및 저장하며 맛과 영양을 고려하여 안전하고 위생적으로 음식을 조리하고 조리기구와 시설관리를 수행하는 직무이다.

필기검정방법	객관식	문제수	60	시험시간	1시간

필기과목명	출제문제수	주요항목	세부항목	세세항목
한식 재료관리, 음식조리 및 위생관리	60	1. 한식 위생관리	1. 개인 위생 관리	1. 위생관리기준 2. 식품위생에 관련된 질병
			2. 식품 위생 관리	1. 미생물의 종류와 특성 2. 식품과 기생충병 3. 살균 및 소독의 종류와 방법 4. 식품의 위생적 취급기준 5. 식품첨가물과 유해물질
			3. 주방 위생 관리	1. 주방위생 위해요소 2. 식품안전관리인증기준(HACCP) 3. 작업장 교차오염발생요소
			4. 식중독 관리	1. 세균성 식중독 2. 자연독 식중독 3. 화학적 식중독 4. 곰팡이 독소
			5. 식품위생 관계 법규	1. 식품위생법 및 관계법규 2. 제조물책임법
			6. 공중 보건	1. 공중보건의 개념 2. 환경위생 및 환경오염 관리 3. 역학 및 감염병 관리
		2. 한식 안전 관리	1. 개인 안전 관리	1. 개인 안전사고 예방 및 사후 조치 2. 작업 안전관리

필기과목명	출제문제수	주요항목	세부항목	세세항목
			2. 장비·도구 안전작업	1. 조리장비·도구 안전관리 지침
			3. 작업환경 안전관리	1. 작업장 환경관리 2. 작업장 안전관리 3. 화재예방 및 조치방법
		3. 한식 재료관리	1. 식품재료의 성분	1. 수분 2. 탄수화물 3. 지질 4. 단백질 5. 무기질 6. 비타민 7. 식품의 색 8. 식품의 갈변 9. 식품의 맛과 냄새 10. 식품의 물성 11. 식품의 유독성분
			2. 효소	1. 식품과 효소
			3. 식품과 영양	1. 영양소의 기능 및 영양소 섭취기준
		4. 한식 구매 관리	1. 시장조사 및 구매 관리	1. 시장 조사 2. 식품구매관리 3. 식품재고관리
			2. 검수 관리	1. 식재료의 품질 확인 및 선별 2. 조리기구 및 설비 특성과 품질 확인 3. 검수를 위한 설비 및 장비 활용 방법
			3. 원가	1. 원가의 의의 및 종류 2. 원가분석 및 계산
		5. 한식 기초 조리실무	1. 조리 준비	1. 조리의 정의 및 기본 조리조작 2. 기본조리법 및 대량 조리기술 3. 기본 칼 기술 습득 4. 조리기구의 종류와 용도 5. 식재료 계량방법 6. 조리장의 시설 및 설비 관리

필기과목명	출제문제수	주요항목	세부항목	세세항목
			2. 식품의 조리원리	1. 농산물의 조리 및 가공 · 저장 2. 축산물의 조리 및 가공 · 저장 3. 수산물의 조리 및 가공 · 저장 4. 유지 및 유지 가공품 5. 냉동식품의 조리 6. 조미료와 향신료
		6. 한식 밥 조리	1. 밥 조리	1. 밥 재료 준비 2. 밥 조리 3. 밥 담기
		7. 한식 죽조리	1. 죽 조리	1. 죽 재료 준비 2. 죽 조리 3. 죽 담기
		8. 한식 국 · 탕 조리	1. 국·탕 조리	1. 국 · 탕 재료 준비 2. 국 · 탕 조리 3. 국 · 탕 담기
		9. 한식 찌개조리	1. 찌개 조리	1. 찌개 재료 준비 2. 찌개 조리 3. 찌개 담기
		10. 한식 전 · 적 조리	1. 전 · 적 조리	1. 전 · 적 재료 준비 2. 전 · 적 조리 3. 전 · 적 담기
		11. 한식 생채 · 회 조리	1. 생채 · 회 조리	1. 생채 · 회 재료 준비 2. 생채 · 회 조리 3. 생채 · 담기
		12. 한식 조림 · 초 조리	1. 조림 · 초 조리	1. 조림 · 초 재료 준비 2. 조림 · 초 조리 3. 조림 · 초 담기
		13. 한식 구이조리	1. 구이 조리	1. 구이 재료 준비 2. 구이 조리 3. 구이 담기
		14. 한식 숙채조리	1. 숙채 조리	1. 숙채 재료 준비 2. 숙채 조리 3. 숙채 담기

필기과목명	출제문제수	주요항목	세부항목	세세항목
		15. 한식 볶음조리	1. 볶음조리	1. 볶음 재료 준비 2. 볶음 조리 3. 볶음 담기

4 출제기준(실기)

직무 분야	음식 서비스	중직무 분야	조리	자격 종목	한식조리기능사	적용 기간	2020.1.1.~ 2022.12.31.

- 직무내용 : 한식메뉴 계획에 따라 식재료를 선정, 구매, 검수, 보관 및 저장하며 맛과 영양을 고려하여 안전하고 위생적으로 음식을 조리하고 조리기구와 시설관리를 수행하는 직무이다.
- 수행준거 : 1. 음식조리 작업에 필요한 위생관련 지식을 이해하고, 주방의 청결상태와 개인위생·식품위생을 관리하여 전반적인 조리작업을 위생적으로 수행할 수 있다.
  2. 한식조리를 수행함에 있어 칼 다루기, 기본 고명 만들기, 한식 기초 조리법 등 기본적인 지식을 이해하고 기능을 익혀 조리업무에 활용할 수 있다.
  3. 쌀을 주재료로 하거나 혹은 다른 곡류나 견과류, 육류, 채소류, 어패류 등을 섞어 물을 붓고 강약을 조절하여 호화되게 밥을 조리할 수 있다.
  4. 곡류 단독으로 또는 곡류와 견과류, 채소류, 육류, 어패류 등을 함께 섞어 물을 붓고 불의 강약을 조절하여 호화되게 죽을 조리할 수 있다.
  5. 육류나 어류 등에 물을 많이 붓고 오래 끓이거나 육수를 만들어 채소나 해산물, 육류 등을 넣어 한식 국·탕을 조리할 수 있다.
  6. 육수나 국물에 장류나 젓갈로 간을 하고 육류, 채소류, 버섯류, 해산물류를 용도에 맞게 썰어 넣고 함께 끓여서 한식 찌개를 조리할 수 있다.
  7. 육류, 어패, 채소류 등의 재료를 익기 쉽게 썰고 그대로 혹은 꼬치에 꿰어서 밀가루와 달걀을 입힌 후 기름에 지져서 한식 전·적 조리를 할 수 있다.
  8. 채소를 살짝 절이거나 생것을 양념하여 생채·회조리를 할 수 있다.

실기검정방법	작업형	시험시간	70분 정도

실기과목명	주요항목	세부항목	세세항목
한식 조리 실무	1. 한식 위생관리	1. 개인위생 관리하기	1. 위생관리기준에 따라 조리복, 조리모, 앞치마, 조리안전화 등을 착용할 수 있다 2. 두발, 손톱, 손 등 신체청결을 유지하고 작업 수행 시 위생습관을 준수할 수 있다. 3. 근무 중의 흡연, 음주, 취식 등에 대한 작업장 근무수칙을 준수할 수 있다. 4. 위생관련법규에 따라 질병, 건강검진 등 건강상태를 관리하고 보고할 수 있다.
		2. 식품위생 관리하기	1. 식품의 유통기한·품질 기준을 확인하여 위생적인 선택을 할 수 있다. 2. 채소·과일의 농약 사용여부와 유해성을 인식하고 세척할 수 있다. 3. 식품의 위생적 취급기준을 준수할 수 있다. 4. 식품의 반입부터 저장, 조리과정에서 유독성, 유해물질의 혼입을 방지할 수 있다.
		3. 주방위생 관리하기	1. 주방 내에서 교차오염 방지를 위해 조리생산 단계별 작업공간을 구분하여 사용할 수 있다. 2. 주방위생에 있어 위해요소를 파악하고, 예방할 수 있다. 3. 주방, 시설 및 도구의 세척, 살균, 해충·해서 방제작업을 정기적으로 수행할 수 있다. 4. 시설 및 도구의 노후상태나 위생상태를 점검하고 관리할 수 있다. 5. 식품이 조리되어 섭취되는 전 과정의 주방 위생 상태를 점검하고 관리할 수 있다. 6. HACCP적용업장의 경우 HACCP관리기준에 의해 관리할 수 있다.
	2. 한식 안전관리	1. 개인안전 관리하기	1. 안전관리 지침서에 따라 개인 안전관리 점검표를 작성할 수 있다. 2. 개인안전사고 예방을 위해 도구 및 장비의 정리정돈을 상시 할 수 있다. 3. 주방에서 발생하는 개인 안전사고의 유형을 숙지하고 예방을 위한 안전수칙을 지킬 수 있다.

실기과목명	주요항목	세부항목	세세항목
			4. 주방 내 필요한 구급품이 적정 수량 비치되었는지 확인하고 개인 안전 보호 장비를 정확하게 착용하여 작업할 수 있다. 5. 개인이 사용하는 칼에 대해 사용안전, 이동안전, 보관안전을 수행할 수 있다. 6. 개인의 화상사고, 낙상사고, 근육팽창과 골절사고, 절단사고, 전기기구로 인한 전기 쇼크 사고, 화재사고와 같은 사고 예방을 위해 주의사항을 숙지하고 실천할 수 있다. 7. 개인 안전사고 발생 시 신속 정확한 응급조치를 실시하고 재발 방지 조치를 실행할 수 있다.
		2. 장비·도구 안전 작업 하기	1. 조리장비·도구에 대한 종류별 사용방법에 대해 주의사항을 숙지할 수 있다. 2. 조리장비·도구를 사용 전 이상 유무를 점검할 수 있다. 3. 안전 장비류 취급 시 주의사항을 숙지하고 실천할 수 있다. 4. 조리장비·도구를 사용 후 전원을 차단하고 안전수칙을 지키며 분해하여 청소할 수 있다. 5. 무리한 조리장비·도구 취급은 금하고 사용 후 일정한 장소에 보관하고 점검할 수 있다. 6. 모든 조리장비·도구는 반드시 목적 이외의 용도로 사용하지 않고 규격품을 사용할 수 있다.
		3. 작업환경 안전관리 하기	1. 작업환경 안전관리 시 작업환경 안전관리 지침서를 작성할 수 있다. 2. 작업환경 안전관리 시 작업장주변 정리 정돈 등을 관리 점검할 수 있다. 3. 작업환경 안전관리 시 제품을 제조하는 작업장 및 매장의 온·습도관리를 통하여 안전사고요소 등을 제거할 수 있다. 4. 작업장 내의 적정한 수준의 조명과 환기, 이물질, 미끄럼 및 오염을 방지할 수 있다. 5. 작업환경에서 필요한 안전관리시설 및 안전용품을 파악하고 관리할 수 있다.

한식조리기능사 **실기+필기**

실기과목명	주요항목	세부항목	세세항목
			6. 작업환경에서 화재의 원인이 될 수 있는 곳을 자주 점검하고 화재진압기를 배치하고 사용할 수 있다. 7. 작업환경에서의 유해, 위험, 화학물질을 처리기준에 따라 관리할 수 있다. 8. 법적으로 선임된 안전관리책임자가 정기적으로 안전교육을 실시하고 이에 참여할 수 있다.
	3. 한식 기초 조리실무	1. 기본 칼 기술 습득하기	1. 칼의 종류와 사용용도를 이해할 수 있다. 2. 기본 썰기 방법을 습득할 수 있다. 3. 조리목적에 맞게 식재료를 썰 수 있다. 4. 칼을 연마하고 관리할 수 있다.
		2. 기본 기능 습득하기	1. 한식 기본양념에 대한 지식을 이해하고 습득할 수 있다. 2. 한식 고명에 대한 지식을 이해하고 습득할 수 있다. 3. 한식 기본 육수조리에 대한 지식을 이해하고 습득할 수 있다. 4. 한식 기본 재료와 전처리 방법, 활용방법에 대한 지식을 이해하고 습득할 수 있다.
		3. 기본 조리법 습득하기	1. 한식 음식종류와 상차림에 대한 지식을 이해하고 습득할 수 있다. 2. 조리도구의 종류 및 용도를 이해하고 적절하게 사용할 수 있다. 3. 식재료의 정확한 계량방법을 습득할 수 있다. 4. 한식 기본 조리법과 조리원리에 대한 지식을 이해하고 습득할 수 있다. 5. 조리 업무 전과 후의 상태를 점검하고 정리할 수 있다.
	4. 한식 밥 조리	1. 밥 재료 준비하기	1. 쌀과 잡곡의 비율을 필요량에 맞게 계량할 수 있다. 2. 쌀과 잡곡을 씻고 용도에 맞게 불리기를 할 수 있다. 3. 부재료는 조리법에 맞게 손질할 수 있다. 4. 돌솥, 압력솥 등 사용할 도구를 선택하고 준비할 수 있다.

실기과목명	주요항목	세부항목	세세항목
		2. 밥 조리 하기	1. 밥의 종류와 형태에 따라 조리시간과 방법을 조절할 수 있다. 2. 조리 도구, 조리법과 쌀, 잡곡의 재료특성에 따라 물의 양을 가감할 수 있다. 3. 조리도구와 조리법에 맞도록 화력조절, 가열 시간 조절, 뜸들이기를 할 수 있다.
		3. 밥 담기	1. 조리종류와 색, 형태, 인원수, 분량 등을 고려하여 그릇을 선택할 수 있다. 2. 밥을 따뜻하게 담아낼 수 있다. 3. 조리종류에 따라 나물 등 부재료와 고명을 얹거나 양념장을 곁들일 수 있다.
	5. 한식 죽조리	1. 죽 재료 준비하기	1. 사용할 도구를 선택하고 준비할 수 있다. 2. 쌀 등 곡류와 부재료를 필요량에 맞게 계량할 수 있다. 3. 조리법에 따라서 쌀 등 재료를 갈거나 분쇄할 수 있다. 4. 부재료는 조리법에 맞게 손질할 수 있다. 5. 사용할 도구를 선택하고 준비할 수 있다.
		2. 죽 조리 하기	1. 죽의 종류와 형태에 따라 조리시간과 방법을 조절할 수 있다. 2. 조리 도구, 조리법, 쌀과 잡곡의 재료특성에 따라 물의 양을 가감할 수 있다. 3. 조리도구와 조리법, 재료특성에 따라 화력과 가열시간을 조절할 수 있다.
		3. 죽 담기	1. 조리종류와 색, 형태, 인원수, 분량 등을 고려하여 그릇을 선택할 수 있다. 2. 죽을 따뜻하게 담아낼 수 있다. 3. 조리종류에 따라 고명을 올릴 수 있다.
	6. 한식 국·탕 조리	1. 국·탕 재료 준비하기	1. 조리 종류에 맞추어 도구와 재료를 준비할 수 있다. 2. 조리에 사용하는 재료를 필요량에 맞게 계량할 수 있다. 3. 재료에 따라 요구되는 전처리를 수행할 수 있다. 4. 찬물에 육수재료를 넣고 끓이는 시간과 불의 강도를 조절할 수 있다.

실기과목명	주요항목	세부항목	세세항목
			5. 끓이는 중 부유물을 제거하여 맑은 육수를 만들 수 있다. 6. 육수의 종류에 따라 냉, 온으로 보관할 수 있다.
		2. 국·탕 조리하기	1. 물이나 육수에 재료를 넣어 끓일 수 있다. 2. 부재료와 양념을 적절한 시기와 분량에 맞춰 첨가할 수 있다. 3. 조리 종류에 따라 끓이는 시간과 화력을 조절할 수 있다. 4. 국·탕의 품질을 판정하고 간을 맞출 수 있다.
		3. 국·탕 담기	1. 조리종류와 색, 형태, 인원수, 분량 등을 고려하여 그릇을 선택할 수 있다. 2. 국·탕은 조리종류에 따라 온·냉 온도로 제공할 수 있다. 3. 국·탕은 국물과 건더기의 비율에 맞게 담아낼 수 있다. 4. 국·탕의 종류에 따라 고명을 활용할 수 있다.
	7. 한식 찌개 조리	1. 찌개 재료 준비하기	1. 조리종류에 맞추어 도구와 재료를 준비한다. 2. 조리에 사용하는 재료를 필요량에 맞게 계량한다. 3. 재료에 따라 요구되는 전처리를 수행할 수 있다. 4. 찬물에 육수 재료를 넣고 서서히 끓일 수 있다. 5. 끓이는 중 부유물과 기름이 떠오르면 걷어내어 제거할 수 있다. 6. 조리종류에 따라 끓이는 시간과 불의 강도를 조절할 수 있다.
		2. 찌개 조리하기	1. 채소류 중 단단한 재료는 데치거나 삶아서 사용할 수 있다. 2. 조리법에 따라 재료는 양념하여 밑간할 수 있다. 3. 육수에 재료와 양념을 첨가 시점을 조절하여 넣고 끓일 수 있다.

실기과목명	주요항목	세부항목	세세항목
		3. 찌개 담기	1. 조리종류와 색, 형태, 인원수, 분량 등을 고려하여 그릇을 선택할 수 있다. 2. 조리 특성에 맞게 건더기와 국물의 양을 조절할 수 있다. 3. 온도를 뜨겁게 유지하여 제공할 수 있다.
	8. 한식 전 · 적 조리	1. 전 · 적 재료 준비하기	1. 전 · 적의 조리종류에 따라 도구와 재료를 준비할 수 있다. 2. 조리에 사용하는 재료를 필요량에 맞게 계량할 수 있다. 3. 전 · 적의 종류에 따라 재료를 전처리하여 준비할 수 있다.
		2. 전 · 적 조리하기	1. 밀가루, 달걀 등의 재료를 섞어 반죽 물 농도를 맞출 수 있다. 2. 조리의 종류에 따라 속재료 및 혼합재료 등을 만들 수 있다. 3. 주재료에 따라 소를 채우거나 꼬치를 활용하여 전 · 적의 형태를 만들 수 있다. 4. 재료와 조리법에 따라 기름의 종류 · 양과 온도를 조절하여 지져낼 수 있다.
		3. 전 · 적 담기	1. 조리종류와 색, 형태, 인원수, 분량 등을 고려하여 그릇을 선택할 수 있다. 2. 전 · 적의 조리는 기름을 제거하여 담아낼 수 있다. 3. 전 · 적 조리를 따뜻한 온도, 색, 풍미를 유지하여 담아낼 수 있다.
	9. 한식 생채 · 회 조리	1. 생채 · 회 재료 준비하기	1. 생채 · 회의 종류에 맞추어 도구와 재료를 준비할 수 있다. 2. 조리에 사용하는 재료를 필요량에 맞게 계량할 수 있다. 3. 재료에 따라 요구되는 전처리를 수행할 수 있다.
		2. 생채 · 회 조리하기	1. 양념장 재료를 비율대로 혼합, 조절할 수 있다. 2. 재료에 양념장을 넣고 잘 배합되도록 무칠 수 있다. 3. 재료에 따라 회 · 숙회로 만들 수 있다.

실기과목명	주요항목	세부항목	세세항목
		3. 생채 · 회 담기	1. 조리종류와 색, 형태, 인원수, 분량 등을 고려하여 그릇을 선택할 수 있다. 2. 생채 · 회 그릇에 담아낼 수 있다. 3. 회는 채소를 곁들일 수 있다.
	10. 한식 구이 조리	1. 구이 재료 준비하기	1. 구이의 종류에 맞추어 도구와 재료를 준비할 수 있다. 2. 조리에 사용하는 재료를 필요량에 맞게 계량할 수 있다. 3. 재료에 따라 요구되는 전처리를 수행할 수 있다.
		2. 구이 조리 하기	1. 구이종류에 따라 유장처리나 양념을 할 수 있다. 2. 구이종류에 따라 초벌구이를 할 수 있다. 3. 온도와 불의 세기를 조절하여 익힐 수 있다. 4. 구이의 색, 형태를 유지할 수 있다.
		3. 구이 담기	1. 조리종류와 색, 형태, 인원수, 분량 등을 고려하여 그릇을 선택할 수 있다. 2. 조리한 음식을 부서지지 않게 담을 수 있다. 3. 구이 종류에 따라 따뜻한 온도를 유지하여 담을 수 있다.
	11. 한식 조림 · 초 조리	1. 조림 · 초 재료 준비하기	1. 조림 · 초 조리에 따라 도구와 재료를 준비할 수 있다. 2. 조리에 사용하는 재료를 필요량에 맞게 계량할 수 있다. 3. 조림 · 초 조리의 재료에 따라 전처리를 수행할 수 있다. 4. 양념장 재료를 비율대로 혼합, 조절할 수 있다. 5. 필요에 따라 양념장을 숙성할 수 있다.
		2. 조림 · 초 조리하기	1. 조리종류에 따라 준비한 도구에 재료를 넣고 양념장에 조릴 수 있다. 2. 재료와 양념장의 비율, 첨가 시점을 조절할 수 있다. 3. 재료가 눌어붙거나 모양이 흐트러지지 않게 화력을 조절하여 익힐 수 있다. 4. 조리종류에 따라 국물의 양을 조절할 수 있다.

실기과목명	주요항목	세부항목	세세항목
		3. 조림 · 초 담기	1. 조리종류와 색, 형태, 인원수, 분량 등을 고려하여 그릇을 선택할 수 있다. 2. 조리종류에 따라 국물 양을 조절하여 담아낼 수 있다. 3. 조림, 초 조리에 따라 고명을 얹어낼 수 있다.
	12. 한식 볶음 조리	1. 볶음 재료 준비하기	1. 볶음 조리에 따라 도구와 재료를 준비할 수 있다. 2. 조리에 사용하는 재료를 필요량에 맞게 계량할 수 있다. 3. 볶음조리의 재료에 따라 전처리를 수행할 수 있다. 4. 양념장 재료를 비율대로 혼합, 조절하여 만들 수 있다. 5. 필요에 따라 양념장을 숙성할 수 있다.
		2. 볶음 조리 하기	1. 조리종류에 따라 준비한 도구에 재료와 양념장을 넣어 기름으로 볶을 수 있다. 2. 재료와 양념장의 비율, 첨가 시점을 조절할 수 있다. 3. 재료가 눌어붙거나 모양이 흐트러지지 않게 화력을 조절하여 익힐 수 있다.
		3. 볶음 담기	1. 조리종류와 색, 형태, 인원수, 분량 등을 고려하여 그릇을 선택할 수 있다. 2. 그릇형태에 따라 조화롭게 담아낼 수 있다. 3. 볶음 조리에 따라 고명을 얹어낼 수 있다.
	13. 한식 숙채 조리	1. 숙채 재료 준비하기	1. 숙채의 종류에 맞추어 도구와 재료를 준비할 수 있다. 2. 조리에 사용하는 재료를 필요량에 맞게 계량할 수 있다. 3. 재료에 따라 요구되는 전처리를 수행할 수 있다.
		2. 숙채 조리 하기	1. 양념장 재료를 비율대로 혼합, 조절할 수 있다. 2. 조리법에 따라서 삶거나 데칠 수 있다. 3. 양념이 잘 배합되도록 무치거나 볶을 수 있다.

실기과목명	주요항목	세부항목	세세항목
		3. 숙채 담기	1. 조리종류와 색, 형태, 인원수, 분량 등을 고려하여 그릇을 선택할 수 있다. 2. 숙채의 색, 형태, 재료, 분량을 고려하여 그릇에 담아낼 수 있다. 3. 조리종류에 따라 고명을 올리거나 양념장을 곁들일 수 있다.

5 수험자 유의사항

❶ 만드는 순서에 유의하며, 위생과 숙련된 기능평가를 위하여 조리작업 시 맛을 보지 않습니다.

❷ 지정된 수험자 지참준비물 이외의 조리기구나 재료를 시험장 내에 지참할 수 없습니다.

❸ 지급재료는 시험 전 확인하여 이상이 있을 경우 시험위원으로부터 조치를 받고 시험 중에는 재료의 교환 및 추가지급은 하지 않습니다.

❹ 요구사항 및 지급재료의 규격은 "정도"의 의미를 포함하며, 지급된 재료의 크기에 따라 가감하여 채점됩니다.

❺ 위생복, 위생모, 앞치마, 마스크를 착용하여야 하며, 시험장비·조리도구 취급 등 안전에 유의합니다.

❻ 다음 사항은 실격에 해당하여 **채점대상에서 제외**됩니다.

　가) 수험자 본인이 시험 도중 시험에 대한 포기 의사를 표현하는 경우

　나) 위생복, 위생모, 앞치마, 마스크를 착용하지 않은 경우

　다) 시험시간 내에 과제 두 가지를 제출하지 못한 경우

　라) 문제의 요구사항대로 과제의 수량이 만들어지지 않은 경우

　마) 구이를 조림 등으로 조리하여 완성품을 요구사항과 다르게 만든 경우

　바) 불을 사용하여 만든 조리작품이 작품특성에 벗어나는 정도로 타거나 익지 않은 경우

　사) 해당과제의 지급재료 이외 재료를 사용하거나 석쇠 등 요구사항의 조리기구를 사용하지 않은 경우

　아) 지정된 수험자 지참준비물 이외의 조리기구를 조리에 사용한 경우

　자) 가스레인지 화구를 2개 이상(2개 포함) 사용한 경우

　차) 시험 중 시설·장비(칼, 가스레인지 등) 사용 시 시험위원 및 타 수험자의 시험 진행에 위해를 일으킬 것으로 시험위원 전원이 합의하여 판단한 경우

　카) 요구사항에 표시된 실격 및 부정행위에 해당하는 경우

❼ 항목별 배점은 위생상태 및 안전관리 5점, 조리기술 30점, 작품의 평가 15점입니다.

❽ 시험시작 전 가벼운 몸 풀기(스트레칭) 동작으로 긴장을 풀고 시험을 시작합니다.

> 계량스푼 1Ts = 15ml, 1ts = 5ml

PART

1

실기편

비빔밥

요구사항 ※ **주어진 재료를 사용하여 다음과 같이 비빔밥을 만드시오.**

❶ 채소, 소고기, 황·백지단의 크기는 0.3cm×0.3cm×5cm로 써시오.

❷ 호박은 돌려깎기하여 0.3cm×0.3cm×5cm로 써시오.

❸ 청포묵의 크기는 0.5cm×0.5cm×5cm로 써시오.

❹ 소고기는 고추장 볶음과 고명에 사용하시오.

❺ 밥을 담은 위에 준비된 재료들을 색 맞추어 돌려 담으시오.

❻ 볶은 고추장은 완성된 밥 위에 얹어내시오.

재료 쌀(30분 정도 물에 불린 쌀) 150g

애호박 중(길이 6cm) 60g

도라지(찢은 것) 20g

고사리(불린 것) 30g

청포묵 중(길이 6cm) 40g

소고기(살코기) 30g

달걀 1개

건다시마(5×5cm) 1장

고추장 40g

식용유 30mL

대파 흰 부분(4cm) 1토막

마늘 중(깐 것) 2쪽

진간장 15mL

흰 설탕 15g

깨소금 5g

검은 후춧가루 1g

참기름 5mL

소금(정제염) 10g

준비작업

1 재료를 분리하고 야채는 씻어 물기를 제거한다.

2 소고기는 키친타월에 감싸 핏물을 제거한다.

3 달걀은 따로 그릇에 담아 교차오염을 막고 깨지지 않게 보관한다.

4 다시마는 젖지 않게 따로 보관한다.

5 불린 쌀은 마르지 않게 다시 물을 받아 보관한다.

조리방법

1 마늘과 대파는 곱게 다져 놓는다.

2 청포묵은 0.5cm×0.5cm×5cm로 채썰어 끓는 물에 투명할 때까지 데쳐 찬물에 헹구어 물기 제거 후 소금 1/6ts, 참기름 1/3ts을 넣어 밑간한다.

3 불린 쌀은 물기를 완전히 뺀 후 계량하여 동량의 물을 넣고 밥을 고슬고슬하게 짓는다.

4 호박은 돌려깎아 0.3cm×0.3cm×5cm로 채썰어 소금에 절인다. 도라지는 칼로 껍질을 돌려깎아 0.3cm×0.3cm×5cm로 채썰어 소금에 절여 아린 맛과 쓴맛을 제거한다.

5 고사리는 5cm 길이로 잘라 간장 1/2ts, 설탕 1/3ts, 참기름 1/3ts으로 양념한다.

6 소고기 2/3는 0.3cm×0.3cm×6cm로 채썰어 간장 1ts, 설탕 1/2ts, 다진 파, 마늘, 참기름 1/2ts, 후추, 깨소금에 양념해 두고 1/3 소고기는 곱게 다진다.

7 팬에 식용유를 1Ts 넣고 건다시마는 튀겨서 키친타월에서 기름이 빠지게 올려두고 튀겨내고 남은 기름은 야채를 볶을 때 사용하기 위해 그릇에 부어 준비한다.

8 달걀은 황·백으로 나눠 알끈을 제거한 후 튀긴 다시마 기름을 이용해 지단을 각각 부쳐내어 식힌 다음 0.3cm×0.3cm×5cm로 채썰어 준비한다.

9 소금에 절인 호박과 도라지는 찬물에 헹구어 물기를 제거해 둔다.

10 다시마 튀긴 기름을 이용해 호박, 도라지, 고사리, 소고기 순서로 볶는다. 호박, 도라지를 볶을 시 소금 1/8ts으로 간한다.

11 달구어진 팬에 기름을 두르고 다져 놓은 소고기를 팬에 먼저 볶다가 고추장 1Ts, 설탕 1ts, 물 1ts을 넣고 볶다가 참기름 1/2ts을 넣고 마무리한다.

12 비빔밥 그릇에 밥을 담은 위에 준비된 재료를 같은 색이 겹쳐지지 않도록 담아내고 그 위에 볶음고추장을 중앙에 올려내고 그 위에 튀긴 다시마를 부수어낸다.

> **TIP**
>
> 밥을 지을 때 가장 센 불에서 시작해서 끓어 올라 김이 빠져 냄비 뚜껑이 덜렁거리면 가장 약한 불에 놓고 15분 후에 불을 끈다.
> - 강한 불 : 냄비 바닥을 넘치는 불
> - 중간불 : 냄비 바닥에 닿는 불
> - 약한 불 : 냄비 바닥에 닿지 않는 불

검토

1 밥이 설익거나 질게 지어지지 않았는지 그 정도를 확인한다.

2 호박, 도라지, 소고기, 고사리, 지단 등은 0.3cm×0.3cm×5cm로 길이가 같은지 확인한다.

3 비빔밥 위에 재료의 색이 겹쳐서 담기지 않았는지 확인한다.

4 볶음 고추장이 너무 볶아져 뻑뻑하거나 너무 묽은 상태가 아닌지 확인한다.

콩나물밥

요구사항 ※ 주어진 재료를 사용하여 다음과 같이 콩나물밥을 만드시오.

❶ 콩나물은 꼬리를 다듬고 소고기는 채썰어 간장양념을 하시오.

❷ 밥을 지어 전량 제출하시오.

재료 쌀(30분 정도 물에 불린 쌀) 150g

콩나물 60g

소고기(살코기) 30g

대파 흰 부분(4cm) 1/2토막

마늘 중(깐 것) 1쪽

진간장 5mL

참기름 5mL

준비작업

1 재료를 분리하여 세척한다.
2 소고기는 키친타월에 감싸 핏물을 제거한다.
3 불린 쌀은 씻어 마르지 않게 다시 물을 받아 보관한다.

조리방법

1 마늘과 대파는 곱게 다져놓는다.
2 쌀을 체에 밭쳐놓는다.
3 콩나물은 꼬리를 다듬는다.
4 소고기는 곱게 채썰어 간장 1/2ts, 다진 파, 마늘, 참기름 1/4ts으로 양념한다.
5 냄비에 위 ②의 쌀을 계량컵에 계량하여 넣고 동량의 물을 넣은 다음 콩나물과 양념한 소고기를 얹어 센 불에서 시작해서 김이 나기 시작하고 뚜껑이 덜렁거리면 아주 약한 불에 두고 10분 지나 불을 완전히 끄고 5분간 뜸을 들여 고슬고슬하게 콩나물밥을 짓는다.
6 지어진 밥의 콩나물과 소고기를 고루 섞어 제출 접시에 담아낸다.

검토

1 밥이 너무 되거나 질게 지어지지 않았는지 확인한다.
2 소고기 채가 일정하고 가늘게 되었는지 확인한다.

TIP

- 소고기 양념에 간장을 너무 세게 하면 완성된 밥의 색이 좋지 못하다.
- 궁금해 하지 말자! 집에서 압력솥에 밥을 지을 때 중간에 압력밥솥 뚜껑을 열지 않는다. 매번 강의를 할 때마다 밥이 잘되는지 확인하는 이가 있다. 콩나물밥은 중간에 뚜껑을 열면 비린내가 나므로 주의하자.

장국죽

요구사항　※ **주어진 재료를 사용하여 다음과 같이 장국죽을 만드시오.**

❶ 불린 쌀을 반 정도로 싸라기를 만들어 죽을 쑤시오.

❷ 소고기는 다지고 불린 표고는 3cm의 길이로 채써시오.

재료　　쌀(30분 정도 물에 불린 쌀) 100g

　　　　소고기(살코기) 20g

　　　　건표고버섯(지름 5cm, 부서지지 않

　　　　　고 물에 불린 것) 1개

　　　　대파 흰 부분(4cm) 1토막

　　　　마늘 중(깐 것) 1쪽

　　　　진간장 10mL

　　　　깨소금 5g

　　　　검은 후춧가루 1g

　　　　참기름 10mL

　　　　국간장 10mL

준비작업

1 마늘, 파는 손질해서 씻어둔다.
2 소고기는 키친타월에 감싸 핏물을 제거한다.
3 불린 쌀은 다시 한 번 씻어 물기를 완전히 제거한 후 계량컵에 양을 확인하고 쌀양의 6배의 물을 준비한다.
4 표고는 미지근한 물에 불려둔다.

조리방법

1 마늘과 파는 곱게 다져놓는다.
2 불린 표고는 3cm 길이로 채썰어 간장 1/3ts, 참기름 1/5ts으로 양념한다.
3 소고기는 다지고 간장 1ts, 다진 파, 마늘, 후춧가루 약간, 깨소금 약간, 참기름 1/3ts으로 양념한다.
4 쌀은 홍두깨를 이용해서 싸라기 정도로 빻아놓는다.
5 냄비에 참기름 1/2ts을 넣고 양념한 표고버섯, 소고기를 넣고 볶아주다가 어느 정도 볶아지면 빻아놓은 쌀을 넣고 볶아준다.

6 준비 작업 시 계량한 6배의 물을 볶아진 냄비에 조금씩 부어가며 죽을 끓이다가 죽의 형태가 조금씩 잡혀가면 남은 물에 절반을 넣고 또다시 죽의 형태가 이루어지면 나머지 물을 넣고 끓어오르면 은근한 불에 끓이며 물그릇을 이용해 거품을 거둬낸다.

7 국간장으로 간을 하고 제출그릇에 담아낸다.

검토

1 밥알이 투명하게 잘 퍼졌는지 검토한다.
2 죽의 농도가 너무 묽거나 되지 않은지 검토한다.
3 표고채의 길이가 3cm가 맞는지 검토한다.

> **TIP**
> • 죽을 쑤는 물의 양은 쌀의 6배임을 기억하자.
> • 처음에 물을 첨가할 때 조금씩 부어가며 조리해야 시간 안에 알맞게 쌀알이 퍼지게 할 수 있다.

완자탕

요구사항　※ **주어진 재료를 사용하여 다음과 같이 완자탕을 만드시오.**

❶ 완자는 지름 3cm로 6개를 만들고, 국 국물의 양은 200mL 이상 제출하시오.

❷ 달걀은 지단과 완자용으로 사용하시오.

❸ 고명으로 황·백지단(마름모꼴)을 각 2개씩 띄우시오.

재료　소고기(살코기) 50g
　　　소고기(사태부위) 20g
　　　달걀 1개
　　　대파 흰 부분(4cm) 1/2토막
　　　밀가루(중력분) 10g
　　　마늘 중(깐 것) 2쪽
　　　식용유 20mL
　　　소금(정제염) 10g
　　　검은 후춧가루 2g

두부 15g
키친타월(종이) 주방용(소
　18×20cm) 1장
국간장 5mL
참기름 5mL
깨소금 5g
흰 설탕 5g

준비작업

1 마늘, 파는 다듬어 씻어둔다.

2 소고기는 키친타월에 감싸 핏물을 제거한다.

3 계란은 분류해서 교차오염 및 깨지지 않게 보관한다.

4 밀가루도 젖지 않게 보관한다.

조리방법

1 소고기 사태와 마늘, 대파 안쪽심을 자루냄비에 넣고 물 4컵을 부어 끓인 뒤 면포에 걸러 국간장 1ts, 소금 1/3ts으로 간한다. (끓일 때 물그릇을 이용해 거품을 거두어낸다.)

2 파, 마늘은 곱게 다져 준비한다.

3 두부는 판에 눌린 부분을 제거한 뒤 면포에 넣어 물기를 꼭 짜주고 칼등을 이용해 으깬다.

4 핏물이 제거된 소고기(살코기)는 곱게 다져둔다.

5 준비된 다진 소고기와 으깬 두부 비율을 3 : 1로 하여 소금 1/3ts, 다진 파, 마늘, 설탕 1/2ts, 후춧가루 약간, 깨소금, 참기름 1/3ts으로 양념해서 직경 3cm 크기의 완자를 6개 만든다.

6 달걀은 황·백으로 나눠 각각 소금 1/6ts으로 간하고 고명으로 사용될 황·백지단을 부쳐 식힌 뒤 한 면 1.5cm의 마름모형으로 각 2개 분량 외에 일부는 남겨둔다.

7 완성된 완자에 체에 내린 밀가루, 달걀물을 입혀 코팅된 팬에서 굴려가며 익혀낸다. (익혀낸 완자는 키친타월에서 기름기를 굴려가며 제거한다.)

8 위 ①에서 간해둔 육수를 냄비에 올리고 끓어오르면 완자를 넣고 완자가 떠오르면 제출그릇에 담고 육수 200ml와 1.5cm 마름모형 황·백지단(2개씩)을 고명으로 올려 제출한다.

검토

1 완자의 크기가 직경 3cm 크기로 6개가 일정한지 검토한다.

2 국물이 탁해지지 않았는지 검토한다.

3 육수가 200ml 이상 되는지 검토한다.

4 고명 지단의 단면의 길이가 1.5cm인지 검토한다.

TIP

• 완자는 고기와 두부의 비율(3 : 1)을 지켜야 하며 많이 치대야 반죽이 곱게 되어 성형이 쉽다.

• 완자에 입히는 달걀물은 노른자의 비율이 높아야 완성 후 색감이 좋다.

• 너무 센 불에 완자를 오래 끓이면 국물이 부옇게 되어 좋은 점수를 받을 수 없다.

생선찌개

요구사항 ※ 주어진 재료를 사용하여 다음과 같이 생선찌개를 만드시오.

❶ 생선은 4~5cm의 토막으로 자르시오.

❷ 무, 두부는 2.5cm×3.5cm×0.8cm로 써시오.

❸ 호박은 0.5cm 반달형, 고추는 통 어슷썰기, 쑥갓과 파는 4cm로 써시오.

❹ 고추장, 고춧가루를 사용하여 만드시오.

❺ 각 재료는 익는 순서에 따라 조리하고, 생선살이 부서지지 않도록 하시오.

❻ 생선머리를 포함하여 전량 제출하시오.

재료

동태(300g) 1마리
무 60g
애호박 30g
두부 60g
풋고추(길이 5cm 이상) 1개
홍고추(생) 1개
쑥갓 10g
마늘 중(깐 것) 2쪽
생강 10g

실파(40g) 2뿌리
고추장 30g
소금(정제염) 10g
고춧가루 10g

34

준비작업

1 재료를 분리하고 야채는 다듬어 씻어 준비한다.
2 동태의 해동상태를 체크한다.
3 쑥갓잎은 찬물에 담가둔다.

조리방법

1 마늘, 생강은 곱게 다져둔다.
2 무와 두부는 3.5cm×2.5cm의 직사각형으로 절단해서 0.8cm 두께로 썬다.
3 애호박은 0.5cm 두께의 반달형으로 썬다.

4 실파와 쑥갓대는 4cm 길이로 자른다.
5 풋, 홍고추는 어슷썰어 씨를 제거한다.
6 생선 비늘은 칼등을 이용해 꼬리에서 머리 쪽 방향으로 긁어서 제거하고 가위를 이용해 각 지느러미를 잘라낸다.

7 아가미를 벌려 가위나 손으로 아가미를 깨끗이 제거하고 세척한 후 주둥이를 자르고 옆 지느러미가 달린 부분에 바짝 칼을 대고 머리를 절단한다. (머리는 4~5cm 기준 아님)
8 머리가 잘린 몸통에서 배를 가르지 않고 내장을 꺼내 제거하고 알이나 먹는 내장은 버리지 않고 사용할 수 있게 세척해 둔다.
9 머리와 내장을 꺼낸 자리의 검은 막과 뼛속에 뭉친 핏덩이를 엄지손가락에 힘을 주어 밀어서 제거해야 동태 특유의 비린 맛을 잡을 수 있다.
10 몸통을 4~5cm로 절단하고 깨끗이 씻어 물기를 닦아준다.
11 냄비에 물 3컵에 고추장 2Ts, 고춧가루 1Ts을 체를 이용해 풀어서 넣는다. 여기에 무와 다진 마늘, 소금 1ts을 넣고 끓어오르면 생선살을 모두 넣고 1분 정도 후 생강을 넣어 비린내를 다시 한 번 잡아주고 준비한 애호박과 두부를 넣어 끓인다.
12 끓어오르면 물그릇을 이용해 거품을 거두어주고 준비된 풋·홍고추, 실파, 쑥갓을 넣고 한소끔 끓어오르면 불을 끄고 제출 그릇에 생선살이 부서지지 않도록 조심해서 담아낸다.
13 찬물에 담가둔 쑥갓잎을 더운 국물에 적셔 고명으로 얹어낸다.

TIP

- 생선은 끓을 때 넣어야 살이 부서지지 않는다.
- 생선의 검은 막과 뼛속의 핏물을 잘 제거하고, 생선이 어느 정도 익은 후에 생강을 넣어야 비린 맛을 잡을 수 있다.
- 찌개는 국물과 건더기 비율을 3 : 2로 한다.

검토

1 두부와 무의 크기가 3.5cm×2.5cm×0.8cm 두께가 맞는지 검토한다.
2 쑥갓과 실파의 길이가 4cm가 맞는지 검토한다.
3 생선살이 부서지지 않았는지, 국물과 건더기 비율이 맞는지 검토한다.

두부젓국찌개

요구사항 ※ **주어진 재료를 사용하여 다음과 같이 두부젓국찌개를 만드시오.**

① 두부는 2cm×3cm×1cm로 써시오.

② 홍고추는 0.5cm×3cm, 실파는 3cm 길이로 써시오.

③ 간은 소금과 새우젓으로 하고, 국물을 맑게 만드시오.

④ 찌개의 국물은 200mL 이상 제출하시오.

재료 두부 100g

생굴(껍질 벗긴 것) 30g

실파(20g) 1뿌리

홍고추(생) 1/2개

새우젓 10g

마늘 중(깐 것) 1쪽

참기름 5mL

소금(정제염) 5g

준비작업

1 재료를 분리하고 야채는 다듬어 씻어둔다.

조리방법

1 마늘은 곱게 다진다.

2 두부는 판에 눌린 부분을 잘라내고 3cm×2cm의 직사각형으로 잘라 1cm 두께로 썬다.

3 실파는 3cm 길이로 자르고, 홍고추는 반으로 배를 갈라 씨를 제거한 후 휘어지지 않게 결 방향대로 3cm×0.5cm로 썬다.

4 굴은 소금 1/2ts을 넣고 가볍게 주물러 씻어 찬물에 헹구고 소금 1ts 물에 담가 해감한다. (굴살이 깨지지 않게 주의한다.)

5 새우젓은 곱게 다져 면포에 짜서 새우젓 국물만 사용한다.

6 냄비에 2컵의 물을 붓고 소금 1/3ts, 새우젓국물 1ts, 다진 마늘과 두부를 넣고 끓어오르면 해감한 굴을 넣어 한소끔 다시 끓어오르면 준비된 실파, 홍고추를 넣고 10초 후 불을 끄고 참기름 1/4ts으로 마무리한다. (물그릇을 이용해 거품을 자주 거두어낸다.)

7 제출 그릇에 건더기를 담고 200ml의 국물을 넣어 제출한다.

검토

1 두부의 크기가 3cm×2cm×1cm가 맞는지 검토한다.

2 실파의 크기가 3cm가 맞는지 검토한다.

3 홍고추의 크기가 3cm×0.5cm가 맞는지 검토한다.

4 국물이 맑게 끓여졌는지 검토한다.

> **TIP**
>
> • 굴을 넣고 오래 끓이면 국물이 탁해진다.
> * 재료의 크기를 정확하게 절단하는 능력을 키우자. 많은 이들이 재료를 자르는 능력이 많이 부족하다. 조리도구 눈금자를 사용해 정확한 재료 절단 능력을 키우자.

제육구이

요구사항 ※ **주어진 재료를 사용하여 다음과 같이 제육구이를 만드시오.**

❶ 완성된 제육은 0.4cm×4cm×5cm로 하시오.

❷ 고추장 양념하여 석쇠에 구우시오.

❸ 제육구이는 전량 제출하시오.

재료 돼지고기(등심 또는 볼깃살) 150g

고추장 40g

진간장 10mL

대파 흰 부분(4cm) 1토막

마늘 중(깐 것) 2쪽

검은 후춧가루 2g

흰 설탕 15g

깨소금 5g

참기름 5mL

생강 10g

식용유 10mL

준비작업

1 재료 세척 및 분리 작업을 한다.
2 돼지고기는 키친타월에 감싸 핏물을 제거해 둔다.

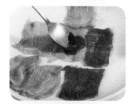

조리방법

1 대파, 마늘, 생강을 곱게 다져둔다. (생강은 즙만 이용해도 좋음)
2 양념은 다진 대파, 마늘, 생강, 고추장 2Ts, 설탕 2ts, 간장 1ts, 깨는 부숴서 조금, 후춧가루 조금, 참기름 1ts을 넣고 잘 섞어 준비해 둔다.
3 돼지고기는 힘줄을 제거하고 익었을 때 주는 것을 계산해 가로세로 길이는 6cm×5cm의 사각형으로 잘라 늘어나는 두께를 계산해 0.3cm로 포뜬다.
4 절단된 돼지고기를 칼등으로 두들겨 연육한 뒤 크기와 모양을 다듬어 2/3 정도는 양념하여 제육을 10분 정도 재운다.
5 석쇠를 달구어 식용유를 적신 키친타월로 코팅하여 재워놓은 고기를 중불을 이용해 앞뒤로 돌려가며 고기가 하얗게 익어가면 남은 1/3의 양념으로 다시 한 번 양념하여 돌려가며 윤기 나게 완전히 익혀낸다.
6 제출그릇에 끝 선을 살짝 포개서 담아낸다.

검토

1 완성된 제육구이가 0.4cm×4cm×5cm가 맞는지 검토한다.
2 완성된 고기들의 크기가 어느 정도 일정한지 검토한다.
3 완성된 제육이 덜 익거나 타지 않았는지 확인한다.

TIP

• 돼지고기의 절이는 시간이 너무 짧으면 고추장 양념이 겉도는 현상이 발생되어 하얗게 익는다. 고기 양념 후에 다른 작업을 해서 숙성되는 시간을 여유롭게 결정하자.

너비아니구이

제한시간
25

요구사항　※ **주어진 재료를 사용하여 다음과 같이 너비아니구이를 만드시오.**

❶ 완성된 너비아니는 0.5cm×4cm×5cm로 하시오.

❷ 석쇠를 사용하여 굽고, 6쪽 제출하시오.

❸ 잣가루를 고명으로 얹으시오.

재료　소고기(안심 또는 등심, 덩어리로)
　　　　100g
　　　　진간장 50mL
　　　　대파 흰 부분(4cm) 1토막
　　　　마늘 중(깐 것) 2쪽
　　　　검은 후춧가루 2g
　　　　흰 설탕 10g
　　　　깨소금 5g
　　　　참기름 10mL
　　　　배 1/8개(50g)
　　　　식용유 10mL
　　　　잣(깐 것) 5개

준비작업

1 재료 세척 및 분리 작업을 한다.
2 잣은 A4용지와 젖지 않게 두고, 소고기는 키친타월에 핏물을 제거해둔다.
3 배는 껍질을 벗겨 1컵의 물에 설탕 1ts을 넣고 담가 갈변을 방지한다.

조리방법

1 대파, 마늘을 곱게 다져둔다.
2 강판에 배를 갈고 면포를 이용해 국물만 짜둔다.
3 잣은 고깔을 제거하고 홍두깨로 밀어 키친타월로 옮겨 비벼가며 곱게 가루를 만든다.
4 소고기는 힘줄을 제거하고 익었을 때 줄어드는 것을 계산해 가로세로 길이는 6cm×5cm의 사각형으로 자른다.

5 위 ④의 소고기는 익었을 때 늘어나는 두께를 계산해 0.3cm로 포뜬다.
6 절단된 소고기를 칼등으로 두들기고 칼끝으로 힘줄을 제거한 뒤 크기와 모양을 다듬는다.
7 너비아니를 재울 양념은 배즙 1Ts, 간장 2Ts, 설탕 1Ts, 깨는 부숴서 조금, 후춧가루 조금, 다진 대파, 마늘, 참기름 1ts을 잘 저어서 2/3 정도 사용하여 너비아니를 5분 정도 재운다.
8 석쇠를 달구어 식용유를 적신 키친타월로 코팅한 뒤 양념에 재운 너비아니를 석쇠에 올려 중불이나 강불을 이용해 앞뒤로 돌려가며 반 정도 익힌다.
9 남은 1/3의 양념으로 다시 한 번 양념을 한 뒤 너비아니를 돌려가며 타지 않게 완전히 익혀낸다.
10 제출그릇에 끝선을 살짝 포개 담고 잣가루를 고명으로 얹어낸다.

검토

1 완성된 너비아니는 0.5cm×4cm×5cm가 맞는지 검토한다.
2 너비아니의 크기가 어느 정도 일정한지 검토한다.
3 완성된 너비아니가 갈색으로 잘 나왔는지 검토하고, 덜 익거나 타지 않았는지 확인한다.

> ### TIP
>
> * 소고기와 배, 돼지고기와 새우젓, 장어와 생강의 궁합이 좋다.
> • 처음 소고기를 석쇠에 올릴 때 모양을 바로잡아 주어야 단백질이 열에 응고되면서 틀어지지 않고 바르게 익는다.
> • 소고기는 결 반대로 썰어야 식감이 더욱 부드럽다.

더덕구이

요구사항 ※ 주어진 재료를 사용하여 다음과 같이 더덕구이를 만드시오.

❶ 더덕은 껍질을 벗겨 사용하시오.
❷ 유장으로 초벌구이하고, 고추장 양념으로 석쇠에 구우시오.
❸ 완성품은 전량 제출하시오.

재료　　통더덕(껍질 있는 것, 길이
　　　　 10~15cm) 3개
　　　 진간장 10mL
　　　 대파 흰 부분(4cm) 1토막
　　　 마늘 중(깐 것) 1쪽
　　　 고추장 30g
　　　 흰 설탕 5g
　　　 깨소금 5g
　　　 참기름 10mL
　　　 소금(정제염) 10g
　　　 식용유 10mL

준비작업

1 재료 세척 및 분리 작업을 한다.

조리방법

1 더덕의 껍질을 돌려 뜯어내듯 벗겨낸 후 세척하여 홍두깨로 살짝 두들겨 6cm 길이로 잘라 두꺼운 부분은 반으로 잘라 물 1컵에 소금 1Ts을 넣어 절인다.

2 대파, 마늘을 곱게 다져둔다.

3 중간중간 더덕이 잘 절여지게 손으로 한번씩 주물러준다.

4 다진 파, 마늘, 고추장 1Ts, 간장 1ts, 설탕 1ts, 소금 1/6ts, 깨는 부숴서 조금, 참기름 1ts으로 고추장 양념을 만든다. 참기름 1ts, 간장 1/3ts으로 유장도 만들어둔다.

5 더덕은 찬물에 잘 헹구어 물기를 제거한 다음 면포에서 홍두깨로 밀어준다.

6 석쇠에 달구어 식용유를 적신 키친타월로 코팅하여 위 ⑤의 더덕을 유장 처리한 후 2~3분간 초벌구이한다.

7 초벌된 더덕에 고추장 양념을 꼼꼼하게 펴 바르고 약 1분 정도 구워낸다.

8 제출그릇에 끝선을 포개어서 보기 좋고 바르게 담아낸다.

검토

1 더덕에 양념장이 골고루 잘 발라졌는지 뭉친 부분은 없는지 검토한다.

2 완성된 북어구이가 타지 않았는지 검토한다.

3 더덕이 덜 절여져 부러진 부분이 없는지 검토한다.

> **TIP**
> • 더덕 절이는 시간이 오래 걸리는 점에 유의하자. 절여진 더덕은 앞뒤로 유연하게 휘어진다.
> • 더덕을 홍두깨로 밀 때 껍질부분이 위를 향해야 깨지지 않는다. 담음새는 껍질부분이 위로 오게 하자.

생선양념구이

제한시간
30

요구사항 ※ **주어진 재료를 사용하여 다음과 같이 생선양념구이를 만드시오.**

① 생선은 머리와 꼬리를 포함하여 통째로 사용하고 내장은 아가미 쪽으로 제거하시오.

② 유장으로 초벌구이하고, 고추장 양념으로 석쇠에 구우시오.

③ 생선구이는 머리 왼쪽, 배 앞쪽 방향으로 담아내시오.

재료 조기(100g~120g) 1마리
진간장 20mL
대파 흰 부분(4cm) 1토막
마늘 중(깐 것) 1쪽
고추장 40g
흰 설탕 5g
깨소금 5g
참기름 5mL
소금(정제염) 20g
검은 후춧가루 2g
식용유 10mL

44

준비작업

1 재료 세척 및 분리 작업을 한다.

조리방법

1 대파, 마늘은 곱게 다져둔다.

2 조리용 가위를 이용해 지느러미를 제거하고 칼등으로 꼬리에서 머리 쪽으로 긁어가며 비늘을 꼼꼼히 제거한다.

3 머리 부분을 열고 아가미를 제거한다. 가운데 부분 머리와 몸통이 연결되는 부분이 끊어지지 않게 주의를 기울인다.

4 다시 아가미를 열고 몸안을 휘젓듯이 빙글빙글 돌려가며 젓가락을 꼬리 부분까지 깊숙이 넣고 휘감은 내장을 등쪽 척추 부분으로 긁어내어 내장을 꺼낸다.

5 내장을 꺼낸 생선에 일정하게 사선으로 칼집을 3번 넣고 반대쪽도 같은 방법으로 칼집을 넣는다.

6 위 ⑤의 생선에 1ts의 소금으로 절인다.

7 다진 파, 마늘, 고추장 2Ts, 간장 1ts, 설탕 1ts, 깨는 부숴서 조금, 후춧가루 조금, 참기름 1/3ts을 잘 섞어서 고추장 소스를 만들고, 참기름 1/3ts, 간장 1/6ts으로 유장을 만든다.

8 절인 생선을 찬물에 헹구어 물기를 제거한 다음 석쇠를 달구어 기름에 적신 키친타월로 코팅한 후 생선을 중불에서 앞뒤로 돌려가며 유장으로 초벌구이 한다.

9 초벌구이한 생선에 고추장 양념을 골고루 발라 앞뒤로 돌려가며 타지 않게 구워낸다.

10 머리는 왼쪽, 배는 앞쪽 방향으로 제출그릇에 담아낸다.

검토

1 생선구이의 머리 왼쪽, 배 앞쪽 방향이 맞는지 검토한다.

2 아가미와 내장이 잘 제거되었는지 검토한다.

3 생선구이가 타거나 덜 익지 않았는지 검토한다.

TIP

• 생선은 초벌구이에서 90% 익힌다. (눈알이 하얗게 변할 때까지)

• 생선을 구울 때 자주 뒤집지 않는다. 살이 깨지기 쉽다.

북어구이

요구사항 ※ **주어진 재료를 사용하여 다음과 같이 북어구이를 만드시오.**

❶ 구워진 북어의 길이는 5cm로 하시오.

❷ 유장으로 초벌구이 하고, 고추장 양념으로 석쇠에 구우시오.

❸ 완성품은 3개를 제출하시오. (단, 세로로 잘라 3/6토막 제출할 경우 수량 부족으로 미완성 처리됩니다.)

재료 북어포(반을 갈라 말린 껍질이 있는
  것, 40g) 1마리
진간장 20mL
대파 흰 부분(4cm) 1토막
마늘 중(깐 것) 2쪽
고추장 40g
흰 설탕 10g
깨소금 5g
참기름 15mL
검은 후춧가루 2g
식용유 10mL

준비작업

1 재료 세척 및 분리 작업을 한다.
2 북어는 찬물에 적셔 젖은 면포에 싸둔다.

조리방법

1 대파, 마늘을 곱게 다져둔다.
2 북어는 가위를 이용해 지느러미를 제거하고 꼬리 쪽의 뼈를 제거, 머리를 절단하고 키친타월을 이용해 눌러 수분을 제거한다.
3 북어를 펼쳐 남은 잔가시나 지느러미를 완전히 제거한 후 뒤틀림을 줄이기 위해 잔칼집을 넣어준다. (펼쳐서 가운데 부분으로 뒤집어서 껍질부분은 사선으로, 내장이 있던 부분은 칼끝을 이용해 찔러가며)

4 익어서 줄어드는 것을 계산해 6cm 가로 길이대로 3토막으로 자른다.
5 다진 파, 마늘, 고추장 2Ts, 간장 1ts, 설탕 1ts, 깨는 부숴서 조금, 후춧가루 조금, 참기름 1ts으로 고추장 양념을 잘 저어서 만들어둔다.
6 참기름 1ts, 간장 1/3ts으로 유장을 만들고, 위 ④의 자른 북어에 골고루 펴 발라 코팅한 석쇠에 초벌구이한다. (약간 마른 느낌이 날 때까지)

7 초벌한 북어에 고추장 양념을 꼼꼼하게 펴 바르고 약 1분 정도 윤기나게 구워낸다.
8 제출그릇에 끝선의 1/3을 포개어 윗 몸통, 중간 몸통, 꼬리 순서로 담아낸다.

검토

1 완성된 북어구이가 5cm가 맞는지 심하게 뒤틀리지 않았는지 검토한다.
2 북어의 양념장이 골고루 잘 발라졌는지 빈 공간이 있거나 뭉친 부분은 없는지 검토한다.
3 완성된 북어구이가 타지 않았는지 검토한다.

> **TIP**
> • 초벌할 때 석쇠 중앙에 북어를 넣고 양쪽 손잡이를 꼭 눌러 잡고 구워야 뒤틀림을 최소화할 수 있다.
> • 고추장 양념 후에는 쉽게 타는 경우가 생기므로 약불에서 구워낸다.

섭산적

요구사항 ※ 주어진 재료를 사용하여 다음과 같이 섭산적을 만드시오.

❶ 고기와 두부의 비율을 3 : 1로 하시오.

❷ 다져서 양념한 소고기는 크게 반대기를 지어 석쇠에 구우시오.

❸ 완성된 섭산적은 0.7cm×2cm×2cm로 9개 이상 제출하시오.

재료 소고기(살코기) 80g

두부 30g

대파 흰 부분(4cm) 1토막

마늘 중(깐 것) 1쪽

소금(정제염) 5g

흰 설탕 10g

깨소금 5g

참기름 5mL

검은 후춧가루 2g

잣(깐 것) 10개

식용유 30mL

준비작업

1 재료 세척 및 분리 작업을 한다.
2 소고기는 키친타월에 감싸 핏물을 제거해 둔다.

조리방법

1 마늘, 대파는 곱게 다져둔다.
2 두부는 판에 눌린 부분을 제거해 주고 면포를 이용해 수분을 제거해 주고 칼 등을 이용해 으깬다.
3 키친타월을 이용해 잣가루를 홍두깨로 밀어주고 살살 문질러가며 곱게 가루를 낸다.

4 소고기는 기름기를 제거하고 살코기만 곱게 다져준다.
5 다진 고기와 두부의 비율은 3 : 1로 하고 다진 파, 마늘, 소금 1/3ts, 설탕 1/2ts, 참기름 1/3ts, 깨를 소량 부숴서 넣어주고 후춧가루를 조금 넣고 양념하여 끈적임이 생길 때까지 치댄다.

6 위 ⑤의 양념한 섭산적은 칼을 이용해 0.5cm 두께의 정사각형으로 반대기를 만들고 칼날을 톡톡 치며 칼집을 격자로 넣어준다. (고기가 익으면서 길이는 줄어들고 부피는 늘어난다.)
7 석쇠는 불에 달구어 식용유를 적신 키친타월로 코팅해 준다.
8 코팅된 석쇠에 섭산적을 올리고 타지 않게 돌려가며 익혀낸다.
9 섭산적이 익었다면 부서지거나 깨지지 않게 칼끝을 이용해 조심히 떼어내고 도마에 내려 식힌다.
10 칼을 톱질하듯 잘라 단면이 매끄럽게 2cm×2cm로 9개를 잘라낸다.
11 제출그릇에 담아 잣가루를 얹어낸다.

검토

1 섭산적의 크기가 전체 2cm×2cm×0.7cm가 맞는지 검토한다.
2 섭산적의 단면이 매끄럽게 나왔는지 검토한다.
3 섭산적이 9개 이상인지 검토한다.
4 익히는 요리는 반드시 익어야 한다.

> **TIP**
> • 고기가 식지 않았을 때 자르면 부서진다.
> • 시간이 없다면 접시로 부채질하여 반드시 식혀서 자르자.
> • 석쇠 위에 산적이 덜 익은 상태라면 산적이 석쇠에 달라붙는 현상이 발생 되니 불을 줄여 타지 않게 완전히 익히자.

화양적

요구사항 ※ 주어진 재료를 사용하여 다음과 같이 화양적을 만드시오.

❶ 화양적은 0.6cm×6cm×6cm로 만드시오.

❷ 달걀노른자로 지단을 만들어 사용하시오. (단, 달걀흰자 지단을 사용하는 경우 오작으로 처리됩니다.)

❸ 화양적은 2꼬치를 만들고 잣가루를 고명으로 얹으시오.

재료 소고기(살코기, 길이 7cm) 50g
건표고버섯(지름 5cm, 물에 불린 것) 1개
당근(곧은 것, 길이 7cm) 50g
오이(가늘고 곧은 것, 길이 20cm) 1/2개
통도라지(껍질 있는 것, 길이 20cm) 1개
달걀 2개
잣(깐 것) 10개
산적꼬치(길이 8~9cm) 2개

진간장 5mL
대파(흰 부분, 4cm) 1토막
마늘 중(깐 것) 1쪽
소금(정제염) 5g
흰 설탕 5g
깨소금 5g
참기름 5mL
검은 후춧가루 2g
식용유 30mL

준비작업

1 재료를 분리하고 소고기는 키친타월에 감싸 핏물을 제거한다.
2 달걀은 그릇에 따로 담아 분리 보관한다.
3 당근과 도라지 데칠 물을 가스레인지에 올려 준비한다.

조리방법

1 마늘, 대파는 곱게 다져둔다.
2 오이, 당근은 껍질 부분 쪽으로, 도라지는 껍질을 돌려 벗기고 껍질 부분 쪽으로 각각 6cm 길이로 자르고, 폭 1cm 넓이로 2개 자른 뒤 0.6cm 높이 두께로 잘라 소금에 절인다.
3 도라지는 찬물에 헹구고, 당근과 각각 준비된 재료는 끓는 물에 소금 1/3ts을 넣고 약 10초간 데쳐 식혀 물기를 제거한다.

4 데친 도라지와 당근은 참기름 1/3ts, 소금 1/6ts에 밑간해 둔다.
5 표고버섯은 폭 1cm, 길이 6cm로 잘라 간장 1/3ts, 설탕 1/6ts, 참기름 1/3ts으로 밑간한다.
6 소고기는 익으면 줄어들고 늘어나는 것을 감안해 7.5cm×0.8cm×0.4cm로 잘라서 칼끝으로 칼집을 내주고 칼등으로 두들겨준다.
7 간장 1/2ts, 설탕 1/3ts, 다진 파, 마늘, 깨소금, 후추 약간, 참기름 1/3ts을 넣고 위 ⑥의 소고기를 양념해 둔다.
8 달걀노른자는 알끈을 제거한 뒤 소금 1/6ts을 넣고 7cm 길이로 두껍게 부친 뒤 바닥이 살짝 익으면 양옆을 안쪽으로 접어 기둥 모양으로 익혀 식힌 뒤 6cm×1cm×0.6cm로 자른다.
9 소금에 절인 오이는 찬물에 헹궈 물기를 제거한 다음 도라지, 오이, 당근, 표고, 소고기 순서로 볶아낸다. (오이는 볶을 때 소금 간을 해주고, 소고기는 젓가락을 이용해 모양을 잡아가며 익힌다.)
10 잣은 고깔을 떼고 A4용지에 밀어 키친타월에 옮겨 비벼가며 곱게 가루를 만든다.
11 준비된 재료들을 색이 겹치지 않게 끼워 꼬치 양쪽을 1cm 남겨 제출 그릇에 담아낸다.
12 잣가루를 올려낸다.

검토

1 화양적의 크기가 전체 6cm×6cm가 맞는지 검토한다.
2 소고기가 완전히 익었는지 검토한다.
3 재료의 크기가 일정한지 검토한다.

지짐누름적

제한시간
35

요구사항   ※ 주어진 재료를 사용하여 다음과 같이 지짐누름적을 만드시오.

① 각 재료는 0.6cm×1cm×6cm로 하시오.
② 누름적의 수량은 2개를 제출하고, 꼬치는 빼서 제출하시오.

재료

소고기(살코기, 길이 7cm) 50g
건표고버섯(지름 5cm, 물에 불려
  부서지지 않은 것) 1개
당근(길이 7cm, 곧은 것) 50g
쪽파 중 2뿌리
통도라지(껍질 있는 것, 길이
  20cm) 1개
밀가루(중력분) 20g
달걀 1개
참기름 5mL
산적꼬치(길이 8~9cm) 2개
식용유 30mL
소금(정제염) 5g

진간장 10mL
흰 설탕 5g
대파(흰 부분, 4cm) 1토막
마늘 중(깐 것) 1쪽
검은 후춧가루 2g
깨소금 5g

준비작업

1 재료를 분리하고 야채는 다듬어 씻어서 준비한다.

2 소고기는 키친타월에 감싸 핏물을 제거해 둔다.

3 냄비에 물을 3컵 넣고 데칠 물을 준비한다.

4 달걀은 그릇에 따로 담아 분리 보관한다.

조리방법

1 마늘, 대파는 곱게 다져둔다.

2 도라지는 껍질을 돌려 벗기고 껍질 부분 쪽을 6cm 길이로 잘라서 폭 1cm 넓이 두께로 2개 자른 뒤 0.6cm 높이 두께로 잘라 소금에 절인다. 당근도 6cm×1cm×0.6cm로 잘라둔다.

3 실파는 길이대로 6cm로 자른다.

4 절인 도라지는 찬물에 헹구어 준비된 끓는 물에 소금 1/3ts을 넣고 약 10초 간 데쳐 식혀 물기를 제하고, 당근도 10초간 데쳐 찬물에 헹군 뒤 물기를 제 거한다.

5 위 ③의 절단한 실파와 데친 도라지와 당근은 참기름 1/2ts, 소금 1/5ts에 각 각 밑간해 둔다.

6 표고버섯은 폭 1cm, 길이 6cm로 잘라 간장 1/3ts, 설탕 1/6ts, 참기름 1/3ts으 로 밑간한다.

7 소고기는 익으면 줄어들고 늘어나는 것을 감안해 7.5cm×0.8cm×0.4cm로 잘 라서 칼끝으로 칼집을 내주고 칼등으로 두들겨, 간장 1/3ts, 설탕 1/3ts, 다진 파, 마늘, 깨소금, 후추 약간, 참기름 1/3ts을 넣고 양념한다.

8 달걀물은 노른자의 알끈을 제거하고 흰자 1ts에 소금 1/6ts으로 간하여 준비 한다.

9 실파를 제외한 도라지, 당근, 표고, 소고기 순서로 볶아낸다. 소고기는 젓가락 을 이용해 모양을 잡아가며 익힌다.

10 준비된 재료들의 색이 겹치지 않게 하며 윗면을 1cm 남기고 꼬치에 끼운 뒤 밀가루를 덩어리지지 않게 펴 바르고 준비한 달걀물을 입혀 주걱으로 눌러 가며 지그시 지져낸다.

11 지짐누름적을 식혀 꼬치를 빼내고 제출그릇에 담아낸다.

TIP

- 꼬치에 끼울 때 가령 소고기 다음 표고버섯이 오는 등의 색이 겹치 지 않도록 주의 하자.

- 누름적을 지질 때 달걀물이 빈 공간이 생기면 중간중간 달걀물 을 입혀가며 지 진다.

검토

1 지짐누름적의 전체 크기가 6cm×5cm×0.6cm가 맞는지 검토한다.

2 익어야 하는 재료가 완전히 익었는지 검토한다.

3 재료의 크기들이 일정한지 검토한다.

풋고추전

요구사항 ※ 주어진 재료를 사용하여 다음과 같이 풋고추전을 만드시오.

❶ 풋고추는 5cm 길이로, 소를 넣어 지져내시오.
❷ 풋고추는 잘라 데쳐서 사용하며, 완성된 풋고추전은 8개를 제출하시오.

재료

풋고추(길이 11cm 이상) 2개
소고기(살코기) 30g
두부 15g
밀가루(중력분) 15g
달걀 1개
대파(흰 부분, 4cm) 1토막
검은 후춧가루 1g
참기름 5mL
소금(정제염) 5g

깨소금 5g
마늘 중(간 것) 1쪽
식용유 20mL
흰 설탕 5g

준비작업

1 재료를 분리하고 야채는 다듬어 씻어서 준비한다.
2 소고기는 키친타월에 감싸 핏물을 제거한다.
3 달걀은 교차오염을 방지하고 깨지지 않게 그릇에 따로 담아 보관한다.
4 냄비에 물 3컵과 소금 1/3ts을 넣고 고추 데칠 물을 가스레인지에 올려 준비한다.

조리방법

1 마늘, 대파는 곱게 다져둔다.
2 풋고추는 길이대로 반을 갈라 스푼을 이용해 씨를 긁어낸다. 이때 고추가 부러지지 않게 조심해서 작업하고 양쪽 끝부분을 살려 5cm로 자른 다음 10초 정도 데치고 찬물에 헹구어 안쪽까지 물기를 완전히 제거해 준다.
3 두부는 판에 눌린 부분을 제거하고 면포를 이용해 물기를 꼭 짜고 칼등으로 곱게 으깬다.
4 소고기는 곱게 다져 위 ③의 으깬 두부와 3 : 1 비율로 해서 소금 1/6ts, 설탕 1/3ts, 참기름 1/3ts, 깨는 부숴서 약간, 후춧가루 약간, 다진 파, 마늘로 소를 양념해서 끈적임이 생길 때까지 치대준다.
5 풋고추 안쪽에 밀가루를 바르고 둥근 쪽이 늘어나지 않게 양쪽을 손가락으로 잡아가며 준비된 소를 꼼꼼하고 편편하게 채워 넣는다. (끝부분을 0.5cm 정도 소를 길게 해야 고기가 익어서 고추 길이와 끝선이 같아진다.)
6 고추에 채워진 소 쪽으로 밀가루를 입혀 바르고 달걀물을 입혀 코팅된 팬에 약한 불을 이용해 지진다. 상대적으로 고기양이 많은 고추 꼭지 부분부터 먼저 올린다.
7 고추 윗부분에 밀가루나 달걀물이 묻어 있다면 기름에 적신 키친타월을 이용해 닦아주며 눌러가면서 익혀야 바닥면을 편편하고 말끔하게 지져낼 수 있다.
8 소를 0.5cm 길게 넣은 옆면도 세워서 익혀준다. 고추전 윗부분으로 방향을 바꿔 익힐 때는 식용유를 소량 넣어 반들반들하게 익혀준다.
9 풋고추전 8개를 제출그릇에 담아 제출한다.

TIP

* 풋고추를 데친 후 열기를 제대로 빼지 않으면 푸른색이 검게 변하는 것에 유의하자.
• 풋고추 속 수분을 말끔하게 제거하지 못하면 소가 분리된다.
• 달걀물을 혼합하라는 요구사항이 없으므로 노른자만 이용해 전을 부치면 색이 더 곱다.

검토

1 풋고추전의 색이 심하게 갈색이 되지 않았는지 검토한다.
2 풋고추전의 소가 분리되지 않았는지 검토한다.
3 고기가 충분히 익었는지 검토한다.

표고전

요구사항 ※ 주어진 재료를 사용하여 다음과 같이 표고전을 만드시오.

❶ 표고버섯과 속은 각각 양념하여 사용하시오.

❷ 표고전은 5개를 제출하시오.

재료

건표고버섯(지름 2.5~4cm, 부서지
   지 않은 것을 불려서 지급) 5개
소고기(살코기) 30g
두부 15g
밀가루(중력분) 20g
달걀 1개
대파(흰 부분, 4cm) 1토막
검은 후춧가루 1g
참기름 5mL

소금(정제염) 5g
깨소금 5g
마늘 중(간 것) 1쪽
식용유 20mL
진간장 5mL
흰 설탕 5g

준비작업

1 재료를 분리하고 야채는 다듬어 씻어서 준비한다.

2 건표고는 미지근한 물에 충분히 불려준다.

3 소고기는 키친타월에 감싸 핏물을 제거한다.

4 달걀은 교차오염 방지를 위해 그릇에 따로 담아 깨지지 않게 보관한다.

조리방법

1 마늘, 대파는 곱게 다져둔다.

2 두부는 판에 눌린 부분을 제거하고 면포를 이용해 물기를 꼭 짜고 칼등으로 곱게 으깬다.

3 불린 표고는 밑동을 제거하고 면포나 키친타월을 이용해 물기를 짜둔다.

4 표고버섯은 간장 1/3ts, 설탕 1/6ts, 참기름 1/3ts을 스푼을 이용해 안쪽과 바깥 쪽에 바르듯이 밑간한다.

5 소고기는 곱게 다져 위 ②의 으깬 두부와 3 : 1 비율로 해서 소금 1/6ts, 설탕 1/3ts, 참기름 1/3ts, 깨는 부숴서 약간, 후춧가루 약간, 다진 파, 마늘로 소를 양념해서 끈적일 때까지 치대준다.

6 표고버섯 속에 밀가루를 바르고 위의 준비된 소를 꼼꼼하고 편편하게 채워 넣는다. (표고버섯 끝의 말려있는 부분까지 채워줘야 고기가 익어서 줄어들어도 빈 공간이 생기지 않는다.)

7 표고에 채워진 소 쪽으로 밀가루를 펴 바르고 달걀물을 입혀 코팅된 팬에 약한 불을 이용해 주걱이나 키친타월로 눌러가며 지져야 바닥이 말끔하게 익는다.

8 표고 윗부분에 밀가루나 달걀물이 묻어 있다면 기름 적신 키친타월을 이용해 닦아준다.

9 소 쪽이 익었다면 표고 윗부분으로 방향을 바꿔 익힐 때는 식용유를 소량 넣어 반들반들하게 익혀준다.

10 5개의 표고전을 제출그릇에 담아 제출한다.

검토

1 표고전의 색이 심하게 갈색이 되지 않았는지 검토한다.

2 표고버섯 소가 분리되지 않았는지 검토한다.

3 고기가 충분히 익었는지 검토한다.

> **TIP**
>
> * 필자가 달걀을 항상 다른 그릇에 담으라는 이유가 있다. 시험장에 갔다가 달걀이 굴러 떨어져 남감한 일이 발생한 적이 있기 때문이다. 달걀에 관심을 두지 않으면 곧 굴러서 바닥으로 추락할 것이다.
>
> • 표고의 수분을 말끔하게 제거하지 못하면 소가 분리된다.
>
> • 달걀물을 혼합하라는 요구사항이 없으므로 노른자만 이용해 전을 부치면 색이 노랗고 곱다.

생선전

요구사항 ※ 주어진 재료를 사용하여 다음과 같이 생선전을 만드시오.

① 생선전은 0.5cm×5cm×4cm로 만드시오.
② 달걀은 흰자, 노른자를 혼합하여 사용하시오.
③ 생선전은 8개를 제출하시오.

재료 동태(400g) 1마리
밀가루(중력분) 30g
달걀 1개
소금(정제염) 10g
흰 후춧가루 2g
식용유 50mL

준비작업

1 재료를 분리 작업한다.
2 동태의 해동상태를 체크한다.
3 달걀은 그릇에 따로 담아 교차오염을 방지하고 깨지지 않게 보관한다.

조리방법

1 생선 비늘은 칼등을 이용해 꼬리에서 머리 쪽으로 긁어서 제거하고 가위를 이용해 각 지느러미를 잘라낸다.
2 생선 머리는 옆 지느러미에 칼을 바짝 대어 잘라내고 내장은 손가락으로 꺼내 제거한 후 세척한다. 물기를 제거한 생선의 등지느러미를 따라 칼을 넣고 반정도 뼈를 바른 뒤 중앙에서 칼을 넣어 3장 뜨기를 한다.

3 포뜬 생선살의 내장 쪽 뼈를 제거한 후 꼬리 쪽 살과 껍질을 살짝 분리한 다음 한 손은 껍질을 눌러 잡고 껍질과 살 사이에 칼을 넣어 앞으로 전진시키며 껍질을 벗겨낸다.

4 생선살 옆면의 길이를 4cm로 세로로 길게 자른 다음 대각선으로 자른다는 생각으로 가로 6cm, 두께 0.4cm로 포를 8장 뜬다. (생선의 꼬리에서 머리 부분인 가로면은 익히면 줄어들지만 옆면인 세로면은 열을 가해도 거의 줄어들지 않는다.)
5 포뜬 생선살은 키친타월을 깔고 그 위에 올린 다음 생선살에 소금과 흰 후추로 간을 한다. (수분 제거)
6 달걀노른자에 흰자 1Ts을 넣고 달걀물을 만들어 소금 1/6ts으로 간한다.
7 간한 생선살에 밀가루를 톡톡 쳐가며 밀가루가 덩어리지지 않도록 고루 펴 바른다.
8 밀가루를 펴 바른 생선살에 준비된 달걀물을 입히고 코팅한 팬에 노릇하게 지져낸다. 나무주걱으로 지그시 눌러가면서 익혀야 달걀옷을 고루 잘 익혀낼 수 있다.
9 제출그릇에 겹치듯 4장씩 두 줄로 담아 제출한다.

검토

1 완성된 생선전이 0.5cm×5cm×4cm가 맞는지 검토한다.
2 생선살을 센 불에 지져 진한 갈색으로 구워지지 않았는지 검토한다.
3 생선전이 8장이고 8장의 크기가 일정한지 체크해 본다.

> **TIP**
> • 포를 뜰 때 등쪽을 위로 해서 잘라야 살이 부서지는 것을 방지할 수 있다.
> • 밀가루가 덩어리지면 달걀옷이 들뜰 수 있으니 주의하자.

육원전

요구사항 ※ 주어진 재료를 사용하여 다음과 같이 육원전을 만드시오.

❶ 육원전은 지름 4cm, 두께 0.7cm가 되도록 하시오.

❷ 달걀은 흰자, 노른자를 혼합하여 사용하시오.

❸ 육원전은 6개를 제출하시오.

재료

소고기(살코기) 70g

두부 30g

밀가루(중력분) 20g

달걀 1개

대파(흰 부분, 4cm) 1토막

검은 후춧가루 2g

참기름 5mL

소금(정제염) 5g

마늘 중(깐 것) 1쪽

식용유 30mL

깨소금 5g

흰 설탕 5g

한식조리기능사 **실기+필기**

준비작업

1 재료를 분리하고 야채는 다듬어 씻어 준비한다.
2 소고기는 키친타월에 감싸 핏물을 제거한다.

조리방법

1 마늘, 파는 곱게 다져둔다.
2 두부는 판에 눌린 부분을 제거하고 면포에서 물기를 꼭 짜준 다음, 칼등으로 으깨준다.
3 핏물을 제거한 소고기는 곱게 다져 으깬 두부와 (소고기 : 두부) 3 : 1의 비율로 하여 소금 1/3ts, 설탕 1/2ts, 참기름 1/3ts, 다진 파, 마늘, 깨소금 조금, 후춧가루 조금으로 양념해서 끈기가 나도록 치댄다.

4 위 ③의 치댄 고기는 지름 4.5cm, 두께 0.5cm의 둥글납작한 완자를 6개 만든다. (고기 단백질에 열이 가해지면 길이는 줄어들고 두께는 늘어난다.)
5 달걀노른자에 흰자 2ts과 소금 1/6ts을 넣고 풀어놓는다.
6 성형된 완자에 체에 내린 밀가루를 묻히고 털어낸 다음, 달걀물을 입혀 코팅한 팬에 노릇하게 지져낸다.
7 제출그릇에 보기 좋게 담아낸다.

검토

1 육원전의 지름이 4cm, 두께는 0.7cm가 맞는지 검토한다.
2 심하게 갈색으로 지져지지 않았는지 단면이 울퉁불퉁하지 않은지 검토한다.
3 익히는 요리는 반드시 익혀야 하므로 덜 익지 않았는지 검토한다.

TIP

• 지단 부칠 때와 같이 키친타월로 식용유를 깨끗이 닦아낸 상태에서 육원전을 지진다.
• 옆면을 굴려가며 지져야 매끈하게 육원전을 완성할 수 있다.
• 어느 정도 익어 팬에 달걀이 묻어나지 않으면 팬을 깨끗이 닦아야 깔끔하게 육원전을 완성할 수 있다.
• 소고기와 두부의 수분을 완전히 제거해야 들뜨는 현상이 없다.

두부조림

요구사항　※ **주어진 재료를 사용하여 다음과 같이 두부조림을 만드시오.**

❶ 두부는 0.8cm×3cm×4.5cm로 써시오.

❷ 8쪽을 제출하고, 촉촉하게 보이도록 국물을 약간 끼얹어 내시오.

❸ 실고추와 파채를 고명으로 얹으시오.

재료　　두부 200g

대파(흰 부분, 4cm) 1토막

실고추 1g

검은 후춧가루 1g

참기름 5mL

소금(정제염) 5g

마늘 중(깐 것) 1쪽

식용유 30mL

진간장 15mL

깨소금 5g

흰 설탕 5g

한식조리기능사 **실기+필기**

준비작업

1 재료 세척 및 분리 작업을 한다.
2 실고추는 젖지 않게 따로 보관한다.

조리방법

1 두부의 면은 4.5cm×3cm의 직사각형으로 길게 자르고 0.8cm 두께로 잘라 면 포나 키친타월 위에 올려 소금으로 간하여 수분을 빠지게 한다.
2 대파는 배를 갈라 2.5cm 길이로 채썰어 고명을 준비하고 나머지는 곱게 다지고. 마늘도 곱게 다져 준비한다.
3 실고추도 2.5cm 길이로 뜯어준다.

4 수분이 제거된 두부는 달구어진 팬에 식용유 1Ts을 넣고 노릇하게 흰색 면이 갈색이 나게 지져내어 키친타월에 올려 기름기를 제거한다.
5 조림 양념은 다진 대파, 마늘, 간장 1Ts, 설탕 1ts, 후춧가루 조금, 깨는 부숴서 조금, 참기름 1ts, 물은 1/2컵을 넣고 잘 섞어준다.
6 냄비에 구운 두부를 겹치지 않게 펴 넣고 만들어진 조림양념을 부어 소스가 끓을 때까지 센 불에 두었다가 끓어오르면 중불에 두어 소스가 3Ts 남을 때까지 조리고 불을 최대한 줄여 준비해 둔 대파, 실고추 고명을 얹어낸 후 불을 완전히 끄고 30초간 뚜껑을 닫고 뜸을 들인다.
7 위 ⑥에 뜸들인 두부를 겹치게 담고 소스를 촉촉하게 부어 제출한다.

검토

1 두부의 크기가 0.8cm×3cm×4.5cm가 맞는지 검토한다.
2 두부가 충분히 갈색으로 구워져야 하며 갈색으로 굽지 않아 검게 나오지 않았는지 검토한다.
3 완성된 두부조림이 촉촉하게 보이는지, 소스의 양이 너무 적거나 많지 않은지 검토한다.

> **TIP**
> • 두부의 사이즈를 정확하게 잘라야 전체적인 담음새가 좋다.
> • 수분이 덜 빠진 두부는 구울 때 기름이 튄다.

홍합초

제한시간
20

요구사항　※ **주어진 재료를 사용하여 다음과 같이 홍합초를 만드시오.**

❶ 마늘과 생강은 편으로, 파는 2cm로 써시오.
❷ 홍합은 전량 사용하고, 촉촉하게 보이도록 국물을 끼얹어 제출하시오.
❸ 잣가루를 고명으로 얹으시오.

재료　　생홍합(굵고 싱싱한 것, 껍질 벗긴
　　　　　 것으로 지급) 100g
　　　　　 대파(흰 부분, 4cm) 1토막
　　　　　 검은 후춧가루 2g
　　　　　 참기름 5mL
　　　　　 마늘 중(깐 것) 2쪽
　　　　　 진간장 40mL
　　　　　 생강 15g
　　　　　 흰 설탕 10g
　　　　　 잣(깐 것) 5개

준비작업

1 재료 세척 및 분리 작업을 한다.
2 홍합 데칠 물을 준비한다.
3 홍합은 가볍게 헹구어 찬물에 담가둔다.

조리방법

1 대파는 2cm 길이로 자르고, 생강은 껍질을 벗겨 마늘과 함께 0.3cm 두께로 편썬다.
2 물에 담가둔 홍합은 물기를 빼주고 수초를 제거하여 다시 한 번 헹구어 수분을 제거한다.(가위를 사용해도 무방)
3 물이 끓으면 홍합을 10~13초간 데치고 찬물에 헹구어 수분을 제거한다.

4 냄비를 준비하고 간장 2Ts, 설탕 1Ts, 물 3Ts, 후춧가루 약간, 향채인 마늘, 생강편을 넣고 약한 불에서 조린다.
5 잣은 A4용지에 홍두깨로 밀어 키친타월에 옮겨 비벼가며 곱게 가루를 만든다.
6 위 ④의 조림양념이 1Ts 정도 남으면 데친 홍합과 파를 넣고 센 불로 조려준다.
7 위 ⑥의 소스가 대략 1ts 정도 남으면 불을 끄고 참기름 1/3ts을 넣고 마무리한다.
8 제출그릇에 담고 촉촉하게 소스를 부어내 잣가루를 고명으로 얹어낸다.

검토

1 마늘과 생강은 편으로, 파는 2cm로 썰었는지 검토한다.
2 잣가루를 고명으로 사용했는지 검토한다.
3 홍합초가 윤기 있게 조려지고 소스가 너무 많거나 적지 않은지 검토한다.
4 홍합살이 덜 익거나 너무 조려 질기지 않은지 검토한다.

> **TIP**
> • 홍합을 넣고 센 불에 조려야 질기지 않고 윤기 있고 촉촉하게 조릴 수 있다.

겨자채

35

요구사항 ※ **주어진 재료를 사용하여 다음과 같이 겨자채를 만드시오.**

❶ 채소, 편육, 황 · 백지단, 배는 0.3cm×1cm×4cm로 써시오.

❷ 밤은 모양대로 납작하게 써시오.

❸ 겨자는 발효시켜 매운맛이 나도록 하여 간을 맞춘 후 재료를 무쳐서 담고, 잣은 고명으로 올리시오.

재료

양배추(길이 5cm) 50g
오이(가늘고 곧은 것, 길이 20cm)
  1/3개
당근(곧은 것, 길이 7cm) 50g
소고기(살코기, 길이 5cm) 50g
밤 중(생것, 껍질 깐 것) 2개
달걀 1개
배(길이로 등분, 50g 정도) 1/8개
흰 설탕 20g

잣(깐 것) 5개
소금(정제염) 5g
식초 10mL
진간장 5mL
겨잣가루 6g
식용유 10mL

한식조리기능사 **실기+필기**

준비작업

1 재료 세척 및 분리 작업을 한다.

2 소고기는 키친타월로 핏물을 제거한다.

3 달걀은 교차오염을 방지하고 깨지지 않도록 분리하여 그릇에 보관한다.

조리방법

1 먼저 냄비에 물을 올려 끓인다.

2 오이는 4cm×1cm×0.3cm의 골패 모양으로 잘라 찬물에 담근다.

3 양배추도 4cm×1cm×0.3cm의 골패 모양으로 잘라 찬물에 담근다.

4 당근은 껍질을 벗기고 4cm×1cm×0.3cm의 골패 모양으로 잘라 찬물에 담근다.

5 그릇에 겨잣가루 1Ts, 미지근한 물 1Ts을 넣고 잘 개어서 발효를 위해 그릇 바닥에 넓게 편다.

6 물이 끓어오르면 편육 만들 소고기를 통째로 넣어 뚜껑을 덮고 그 위에 ⑤에 준비해 둔 겨자를 5분간 뚜껑 위에서 발효시킨다.

7 밤은 편썰어서 설탕물에 담근다.

8 배는 껍질을 벗겨 4cm×1cm×0.3cm의 골패 모양으로 잘라 설탕물에 담근다.

9 겨자가 5분간 발효되면 내리고 소고기는 삶아 건져 면포에 단단하게 말아 식힌다.

10 달걀은 황·백으로 나눠 지단을 부치고 식혀서 4cm×1cm×0.3cm의 골패모양으로 잘라 준비한다.

11 식힌 소고기 편육도 4cm×1cm×0.3cm의 골패 모양으로 썰어 준비한다.

12 찬물과 설탕물에 담근 재료들은 물기가 빠지게 체에 밭치고 잣은 비늘잣을 만든다.

13 발효된 겨자에 설탕 1Ts, 식초 1Ts, 소금 1/6ts, 간장 1ts을 넣고 겨자소스를 만든다.

14 황·백지단을 제외한 모든 재료를 겨자소스에 버무리고 소스가 골고루 잘 버무려지면 마지막으로 황·백지단을 넣고 살살 깨지지 않게 버무려 제출 그릇에 담아낸다.

15 비늘잣을 고명으로 올려낸다.

검토

1 겨자채의 재료들이 4cm×1cm×0.3cm가 맞는지 검토한다.

2 겨자채 재료의 크기가 어느 정도 일정하게 나왔는지 검토한다.

3 겨자소스가 너무 묽거나 되직하지 않은지 검토한다.

도라지생채

제한시간
15

요구사항 ※ 주어진 재료를 사용하여 다음과 같이 도라지생채를 만드시오.

❶ 도라지는 0.3cm×0.3cm×6cm로 써시오.

❷ 생채는 고추장과 고춧가루 양념으로 무쳐 제출하시오.

재료 통도라지(껍질 있는 것) 3개
소금(정제염) 5g
고추장 20g
흰 설탕 10g
식초 15mL
대파(흰 부분, 4cm) 1토막
마늘 중(깐 것) 1쪽
깨소금 5g
고춧가루 10g

준비작업

1 재료 세척 및 분리 작업을 한다.
2 머리 끝 쪽을 잘라 도라지의 상태를 확인한다.

조리방법

1 대파, 마늘은 곱게 다져둔다.
2 도라지는 6cm 길이로 잘라 0.3cm 두께로 편썬 뒤 0.3cm 두께로 채썬다.
3 채썬 도라지에 물 1컵, 소금 1ts을 넣고 절여 쓴맛과 아린 맛을 제거한다.
4 다진 파, 마늘, 고춧가루 1/3ts, 고추장 1ts, 설탕 2ts, 식초 2ts, 깨를 소량 부숴서
  넣어주고 소금 1/6ts을 넣어 양념장을 만든다.

5 절인 도라지는 찬물에 주물러 헹군 뒤 물기를 완전히 제거한 후 양념장으로
  버무린다.
6 뭉치지 않게 제출그릇에 담아낸다.

검토

1 도라지의 길이가 전체 6cm×0.3cm×0.3cm가 맞는지 검토한다.
2 도라지의 크기가 어느 정도 일정하게 나왔는지 검토한다.
3 양념장이 덩어리진 부분이 없는지 검토한다.

> **TIP**
> • 생채는 제출 직전에 버무려 담아낸다.
> • 칼을 살짝 넣어 돌려 뜯어내듯 도라지 껍질을 벗긴다.

무생채

요구사항　※ 주어진 재료를 사용하여 다음과 같이 무생채를 만드시오.

❶ 무는 0.2cm×0.2cm×6cm로 썰어 사용하시오.

❷ 생채는 고춧가루를 사용하시오.

❸ 무생채는 70g 이상 제출하시오.

재료　무(길이 7cm) 120g

소금(정제염) 5g

고춧가루 10g

흰 설탕 10g

식초 5mL

대파(흰 부분, 4cm) 1토막

마늘 중(깐 것) 1쪽

깨소금 5g

생강 5g

준비작업

1 재료 세척 및 분리 작업을 한다.

조리방법

1 마늘, 대파와 생강은 곱게 다져둔다.
2 무는 껍질을 벗기고 6cm 크기로 잘라 0.2cm로 편 썰어 가지런히 놓고 0.2cm 로 채썬다.
3 채썬 무에 고춧가루 1/2ts 정도를 체에 내려 색이 연하게 물들인다.
4 다진 마늘, 생강, 대파, 설탕 1ts, 식초 1ts, 소금 1/6ts, 깨는 부숴서 소량 넣어 생 채 양념을 만든다.

5 고춧가루로 물들인 무에 위 ④의 생채 양념을 넣고 가볍게 버무린다.
6 제출그릇에 담아낸다.

검토

1 무생채의 길이가 0.2cm×0.2cm×6cm가 맞는지 검토한다.
2 생채의 색이 너무 진하거나 연하지 않은지 검토한다.
3 생채량이 70g 이상인지 검토한다.

TIP

• 생채는 물이 많이 생기므로 제출 직전에 버무려 담아낸다.
• 고춧가루를 연하게 물들인다.

더덕생채

요구사항 ※ 주어진 재료를 사용하여 다음과 같이 더덕생채를 만드시오.

❶ 더덕은 5cm로 썰어 두들겨 편 후 찢어서 쓴맛을 제거하여 사용하시오.

❷ 고춧가루로 양념하고, 전량 제출하시오.

재료 통더덕(껍질 있는 것, 길이
10~15cm) 2개
마늘 중(깐 것) 1쪽
흰 설탕 5g
식초 5mL
대파(흰 부분, 4cm) 1토막
소금(정제염) 5g
깨소금 5g
고춧가루 20g

한식조리기능사 **실기+필기**

순비작업

1 재료 세척 및 분리 작업을 한다.
2 더덕은 머리 끝쪽을 잘라서 상태를 확인한다.

조리방법

1 더덕은 5cm 길이로 잘라 두꺼운 건 반으로 가른 뒤 중간의 노란 섬유질이 갈라질 정도로 밀거나 두들겨서 물을 자작하게 붓고 소금 1Ts을 넣어 절인다.
2 대파, 마늘을 곱게 다져둔다.
3 다진 파, 마늘, 고춧가루 1Ts, 설탕 1Ts, 식초 1Ts, 깨를 소량 부숴서 넣어주고 소금 1/6ts을 넣어 더덕 양념장을 만든다.
4 절인 더덕은 홍두깨로 얇게 밀어 가늘게 찢은 다음 찬물에 두어 번 주물러 헹구고 면포로 물기를 완전히 제거한 후 양념장으로 뭉치지 않게 버무린다.
5 제출그릇에 뭉치지 않게 잘 풀어서 담아낸다.

검토

1 더덕이 얇게 찢어졌는지 검토한다.
2 양념장이 뭉친 부분이 없는지 검토한다.

> (TIP)
> • 더덕은 절이지 않으면 요리를 할 수 없는 만큼 제일 먼저 절이는 작업부터 수행한다.
> • 절인 더덕이 앞뒤로 잘 휘어지면 잘 절여진 것이다.
> • 더덕을 밀 때 면포를 깔면 잘 밀린다.
> • 생채는 제출 직전에 버무려 담아낸다.

육회

제한시간
20

요구사항 ※ 주어진 재료를 사용하여 다음과 같이 육회를 만드시오.

❶ 소고기는 0.3cm×0.3cm×6cm로 썰어 소금 양념으로 하시오.
❷ 마늘은 편으로 썰어 장식하고 잣가루를 고명으로 얹으시오.
❸ 소고기는 손질하여 전량 사용하시오.

재료 소고기(살코기) 90g   깨소금 5g
배 중(100g) 1/4개
잣(깐 것) 5개
소금(정제염) 5g
마늘 중(깐 것) 3쪽
대파(흰 부분, 4cm) 2토막
검은 후춧가루 2g
참기름 10mL
흰 설탕 30g

준비작업

1 재료 세척 및 분리 작업을 한다.

2 소고기는 키친타월에 감싸 핏물을 제거한다.

3 배는 껍질을 벗겨 설탕 1ts을 넣고 찬물에 담근다.

조리방법

1 대파는 곱게 다지고, 마늘은 0.3cm 두께로 편썰고 나머지는 곱게 다져둔다.

2 배는 씨가 있는 부분을 바르게 잘라내고 가운데 부분을 4~5cm 길이로 잘라 양옆을 잘라내고 직사각형으로 자른 뒤 0.3cm로 편썰어 0.3cm 두께로 채썬 뒤 다시 설탕물에 담근다.

3 잣은 고깔을 제거하고 키친타월에서 홍두깨로 밀고 다시 비벼서 곱게 가루를 만든다.

4 핏물이 제거된 소고기는 결 반대 길이가 6cm가 되도록 절단하여 0.3cm 두께의 편으로 저며썰어 0.3cm 두께로 채썬다.

5 설탕물에 담가둔 배는 체에 수분을 제거해 둔다.

6 위 ④의 육회 소고기는 다진 파, 마늘, 소금 1/3ts, 설탕 1ts, 참기름 1ts, 후춧가루 조금, 깨는 부숴서 소량 넣고 잘 풀어가며 버무린다.

7 제출그릇에 배를 접시라인 끝선을 기준으로 둥글게 담고 안쪽 빈 공간의 육회가 올라갈 공간에 마늘편을 돌려 담아 그 위에 육회를 올리고 잣가루를 고명으로 얹어 제출한다.

검토

1 소고기의 길이가 6cm×0.3cm×0.3cm가 맞는지 검토한다.

2 배의 길이가 어느 정도 일정하게 나왔는지 검토한다.

3 핏물이 제거되지 않아 배에 물들지 않았는지 검토한다.

4 잣가루를 고명으로 사용했는지 검토한다.

> **TIP**
>
> * 조리사의 칼이 안 든다는 건 축구선수 골잡이가 골을 잡고 달리지 못하는 것과 같다. 육회에서 기본은 소고기를 잘 저며 채로 써는 것이다. 칼을 잘 연마시켜 항상 어떤 자리에서든 골을 잡는 골잡이처럼 준비해 두자.
>
> • 육회는 양념 후 키친타월에 올려두었다가 제출 직전에 얹어내면 핏물이 덜 스민다.

미나리강회

요구사항　※ **주어진 재료를 사용하여 다음과 같이 미나리강회를 만드시오.**

❶ 강회의 폭은 1.5cm, 길이는 5cm로 만드시오.
❷ 붉은 고추의 폭은 0.5cm, 길이는 4cm로 만드시오.
❸ 강회는 8개 만들어 초고추장과 함께 제출하시오.

재료　소고기(살코기, 길이 7cm) 80g
미나리(줄기 부분) 30g
홍고추(생) 1개
달걀 2개
고추장 15g
식초 5mL
흰 설탕 5g
소금(정제염) 5g
식용유 10mL

준비작업

1 미나리는 잎을 다듬고 고추는 꼭지 제거 후 씻어서 준비한다.
2 소고는 키친타월에 감싸 핏물을 제거한다.
3 달걀은 교차오염을 방지하고 깨지지 않게 그릇에 따로 담아 보관한다.

조리방법

1 냄비에 물 4컵을 올린다. 홍고추는 배를 갈라 씨를 제거한 후 결대로 0.5cm
 ×4cm로 썰어 키친타월에 문지르듯 닦아낸다. (지단에 번짐 방지)
2 물이 끓어오르면 고기 삶을 물을 대접에 부어놓고 소금 1/3ts을 넣고 미나리
 를 데쳐서 찬물에 헹구고 길이대로 반으로 갈라 속에 끈끈한 부분을 엄지손
 으로 밀어낸다.

3 냄비에 더운물을 붓고 끓어오르면 소금 1/3ts을 넣고 핏물이 제거된 소고기
 를 넣고 수육으로 삶아 익으면 면포에 말아 식혀 편육상태에서 1.5cm×5cm
 ×0.3cm로 썰어서 준비한다.
4 달걀을 황·백으로 나누고 알끈을 제거한 후 소금을 각각 1/6ts씩 넣고 풀어준
 후 황·백지단을 부쳐 1.5cm×5cm×0.3cm로 썰어 준비한다.
5 준비된 재료를 이용해 편육, 백지단, 황지단, 홍고추 순서로 올리고 미나리
 로 말아 끝매듭이 보이지 않게 뒷부분에서 젓가락으로 밀어 넣어 8개의 강
 회를 만든다.
6 고추장 1ts, 식초 1ts, 설탕 1ts으로 초고추장을 만든다.
7 제출 접시에 강회를 담고 초고추장을 곁들여 제출한다.

검토

1 지단, 편육의 크기가 1.5cm×5cm×0.3cm가 맞는지 검토한다.
2 홍고추의 크기가 0.5cm×4cm가 맞는지 확인한다.
3 완성된 강회를 젓가락으로 집어 흔들었을 때 재료들이 빠져나오지 않게 단단하게 되었는지 검토한다.

TIP

• 미나리를 감을 때 골패모양의 강회를 3등분하여 양쪽에 1등분씩 남기고 가
 운데 부분을 미나리가 겹치지 않게 넓게 감아낸다.
• 면포에 수육을 탱탱하게 감아 식혀야 편육이 되었을 때 칼질이 용이하다.

탕평채

요구사항   ※ 주어진 재료를 사용하여 다음과 같이 탕평채를 만드시오.

① 청포묵은 0.4cm×0.4cm×6cm로 썰어 데쳐서 사용하시오.

② 모든 부재료의 길이는 4~5cm로 써시오.

③ 소고기, 미나리, 거두절미한 숙주는 각각 조리하여 청포묵과 함께 초간장으로 무쳐 담아내시오.

④ 황·백지단은 4cm 길이로 채썰고, 김은 구워 부숴서 고명으로 얹으시오.

재료   청포묵 중(길이 6cm) 150g
소고기(살코기, 길이 5cm) 20g
숙주(생것) 20g
미나리(줄기부분) 10g
달걀 1개
김 1/4장
진간장 20mL
마늘 중(깐 것) 2쪽
대파(흰 부분, 4cm) 1토막

검은 후춧가루 1g
참기름 5mL
흰 설탕 5g
깨소금 5g
식초 5mL
소금(정제염) 5g
식용유 10mL

준비작업

1 재료 세척 및 분리 작업을 한다.

2 소고기는 키친타월에 감싸 핏물을 제거한다.

3 달걀도 그릇에 따로 담아 교차오염과 깨지는 것을 방지한다.

4 김은 젖지 않게 따로 그릇에 보관하고, 청포묵과 미나리, 숙주 데칠 물을 끓인다.

조리방법

1 대파, 마늘을 곱게 다져둔다.

2 청포묵은 6cm×0.4cm×0.4cm로 잘라준다.

3 숙주는 거두절미하고 물이 끓어오르면 소금 1/3ts을 넣어 데치고, 미나리도 데쳐서 5cm 길이로 자르고 찬물에 헹궈 물기를 각각 제거한다.

4 청포묵은 투명하게 데쳐낸다.

5 참기름 1Ts, 소금 1/5ts으로 청포묵과 숙주를 밑간해 둔다.

6 달걀을 황·백으로 분리하여 지단을 각각 부치고 식혀서 4cm로 채썰어 준비한다.

7 소고기는 5cm×0.3cm×0.3cm로 잘라 간장 1/2ts, 설탕 1/3ts, 다진 파, 마늘, 참기름 1/3ts, 후춧가루 조금, 깨소금은 부숴서 조금 넣고 잘 섞어 양념한다.

8 김은 구워서 약 2cm 간격으로 뜯어서 준비한다.

9 달구어진 팬에 식용유를 넣고 소고기를 볶아낸다.

10 간장 1ts, 설탕 1ts, 식초 1ts을 넣어 버무릴 초간장을 만든다.

11 고명으로 사용될 황·백지단과 김을 제외한 모든 재료들을 초간장에 잘 버무린다.

12 제출접시에 탕평채를 담고 김가루, 황·백지단을 올려서 낸다.

검토

1 탕평채의 길이가 0.4cm×0.4cm×6cm로 일정하게 나왔는지 검토한다.

2 지단의 크기가 4cm로 나왔는지 검토한다.

3 부재료들과 잘 섞었는지, 초간장물이 잘 들었는지 검토한다.

TIP

• 청포묵은 녹두녹말로 만들어졌다.

• 초간장은 간장, 설탕, 식초의 1 : 1 : 1 비율을 잘 활용하자.

잡채

요구사항 ※ **주어진 재료를 사용하여 다음과 같이 잡채를 만드시오.**

❶ 소고기, 양파, 오이, 당근, 도라지, 표고버섯은 0.3cm×0.3cm×6cm로 썰
어 사용하시오.

❷ 숙주는 데치고 목이버섯은 찢어서 사용하시오.

❸ 당면은 삶아서 유장처리하여 볶으시오.

❹ 황·백지단은 0.2cm×0.2cm×4cm로 썰어 고명으로 얹으시오.

재료

당면 20g

소고기(살코기, 길이 7cm) 30g

건표고버섯(지름 5cm, 물에 불려
부서지지 않은 것) 1개

건목이버섯(지름 5cm, 물에 불린
것) 2개

양파 중(50g) 1/3개

오이(가늘고 곧은 것, 길이 20cm)
1/3개

당근(곧은 것, 길이 7cm) 50g

통도라지(껍질 있는 것, 길이
20cm) 1개

숙주(생것) 20g

달걀 1개

흰 설탕 10g

대파 흰 부분(4cm) 1토막

마늘 중(깐 것) 2쪽

진간장 20mL

식용유 50mL

깨소금 5g

검은 후춧가루 1g

참기름 5mL

소금(정제염) 15g

준비작업

1 잡채 불릴 물을 끓이고, 재료 세척 및 분리 작업을 한다.

2 소고기는 키친타월에 감싸 핏물을 제거한다.

3 달걀도 그릇에 따로 담아 교차오염과 깨지는 것을 방지한다.

조리방법

1 대파, 마늘을 곱게 다져둔다.

2 물이 살짝 끓어오르면 당면과 목이버섯을 불려준다.

3 양파는 6cm 길이로 채썰고, 오이는 6cm 길이로 자르고 0.3cm 두께로 돌려깎아 0.3cm 두께로 채썰어 소금에 절인다.

4 도라지와 당근은 6cm 길이로 자르고 0.3cm 두께로 편썰고 0.3cm 두께로 채썰어 각각 소금에 절인다.

5 숙주는 거두절미한다. 불린 목이버섯은 물기를 제거하여 1~2cm 크기로 찢어둔다.

6 냄비에 소금 1/3ts을 넣고 끓어오르면 숙주와 불린 당면을 데쳐낸다.

7 숙주는 찬물에 헹구어 물기를 제거하고, 목이버섯과 소금 1/6ts, 참기름 1/3ts으로 각각 양념한다.

8 데친 당면은 찬물에 헹구어 수분을 제거한 뒤 참기름 1ts, 간장 1/3ts, 설탕 1/3ts으로 유장처리한다.

9 표고버섯은 6cm×0.3cm×0.3cm로 썰어 참기름 1/3ts, 간장 1ts, 설탕 1/3ts으로 양념한다.

10 소고기는 6cm 길이로 자르고 0.3cm로 포떠서 0.3cm 두께로 채썰어 간장 1/2ts, 설탕 1/3ts, 다진 파, 마늘, 참기름 1/3ts, 후춧가루 조금, 깨소금을 조금 부쉬서 양념한다.

11 달걀을 황·백으로 분리하여 지단을 각각 부치고 식혀서 4cm×0.2cm로 썰어 고명을 만들어 준비해 둔다.

12 절인 오이, 도라지, 당근은 찬물에 헹궈 물기를 제거해 둔다.

13 팬을 달구어 양파, 도라지, 오이, 당근, 목이버섯, 표고버섯, 소고기, 당면 순서로 볶아 각각 펼쳐서 식힌다. 양파, 도라지, 오이, 당근을 볶을 때 살짝 소금간을 한다.

14 달걀지단을 제외한 모든 재료를 볼에 넣고 잘 섞어서 제출그릇에 담고 지단을 고명으로 올려낸다.

TIP

• 재료가 많고 순서가 복잡해 어려운 메뉴라고 생각되겠지만 요리는 암기과목이 아님을 상기하자. 요리에 대한 이해력을 더한다면 그리 까다로운 요리는 아니다.

• 당면을 불리지 않고 삶으면 10분이 지나도 익지 않는다.

검토

1 재료들의 크기가 0.3cm×0.3cm×6cm로 어느 정도 일정하게 나왔는지 검토한다.

2 지단의 크기가 4cm×0.2cm로 나왔는지 검토한다.

3 완성된 잡채가 덩어리지지 않는지, 부재료들과 잘 섞였는지 검토한다.

4 소고기와 당면이 덜 익지 않았는지 검토한다.

칠절판

요구사항　※ 주어진 재료를 사용하여 다음과 같이 칠절판을 만드시오.

❶ 밀전병은 지름이 8cm가 되도록 6개를 만드시오.
❷ 채소와 황·백지단, 소고기는 0.2cm×0.2cm×5cm로 써시오.
❸ 석이버섯은 곱게 채를 써시오.

재료　소고기(살코기, 길이 6cm) 50g
　　　오이(가늘고 곧은 것, 길이 20cm)
　　　　1/2개
　　　당근(곧은 것, 길이 7cm) 50g
　　　달걀 1개
　　　석이버섯(부서지지 않은 것, 마른
　　　　것) 5g
　　　밀가루(중력분) 50g
　　　진간장 20mL
　　　마늘 중(깐 것) 2쪽
　　　대파 흰 부분(4cm) 1토막
　　　검은 후춧가루 1g

　　　참기름 10mL
　　　흰 설탕 10g
　　　깨소금 5g
　　　식용유 30mL
　　　소금(정제염) 10g

준비작업

1 재료 세척 및 분리 작업을 한다.
2 소고기는 키친타월에 감싸 핏물을 제거한다.
3 달걀도 그릇에 따로 담아 교차오염과 깨지는 것을 방지한다.
4 석이버섯은 물에 담가 불린다.

조리방법

1 대파, 마늘은 곱게 다져둔다.
2 오이는 5cm 길이로 자르고 0.2cm 두께로 돌려깎아 0.2cm 두께로 곱게 채썰어 소금 1/3ts과 물 1ts으로 절인다.
3 당근은 5cm 길이로 자르고 0.2cm 두께로 편썰고 0.2cm 두께로 채썰어 각각 소금 1/3ts에 물 1ts으로 절인다.

4 석이버섯은 문질러 씻으며 단단한 부분을 제거하여 여러 번 비벼 흐르는 물에 씻어 돌돌 말아서 채썬 다음 소금 1/6ts에 참기름 1/3ts으로 밑간한다.
5 소고기는 5cm 길이로 자르고 0.2cm로 포떠서 0.2cm 두께로 잘라 간장 1ts, 설탕 1/2ts, 다진 파, 마늘, 참기름 1/3ts, 후춧가루 조금, 깨소금 부숴서 조금 넣고 양념한다.

6 달걀을 황·백으로 분리하여 알끈을 제거한 다음 소금을 각각 1/8ts 넣어 간해둔다.
7 전병 부칠 밀가루는 깎아서 5Ts을 체에 내려주고 소금 1/6ts, 물 5Ts을 넣고 개어 다시 한 번 더 체에 내려준다.
8 절여놓은 오이와 당근은 충분히 헹구어 수분을 제거해 둔다.
9 팬을 달구어 기름으로 코팅한 후 불을 최대한 줄여 반죽을 2/3Ts씩 떠서 지름 8cm가 되도록 밀전병을 6장 부쳐낸다.
10 팬을 다시 코팅하여 지단의 길이가 5cm가 되도록 황·백지단을 부쳐 식혀, 5cm 길이로 잘라 돌돌 말아 0.2cm 두께로 채썬다.
11 달구어진 팬에 오이, 당근, 석이버섯, 소고기 순서로 볶아낸다. 단 오이와 당근은 소금간 하고, 볶아낸 재료들은 펼쳐서 식힌다.
12 제출그릇 중앙에 밀전병을 놓고 준비한 재료 6가지를 색 맞추어 담아낸다.

TIP

• 밀전병은 반죽이 죽~ 흐르는 농도로 해야 얇게 부쳐낼 수 있다.
• 채가 곱게 나와야 전체적인 플레이팅이 살아난다.

검토

1 재료들의 크기가 0.2cm×0.2cm×5cm로 어느 정도 일정하게 나왔는지 검토한다.
2 밀전병의 크기가 8cm로 나왔는지 검토한다.
3 소고기의 두께가 너무 두껍지 않은지 검토한다.
4 전체적으로 부재료들 비율이 일정한지 검토한다.

오징어볶음

요구사항 ※ 주어진 재료를 사용하여 오징어볶음을 만드시오.

❶ 오징어는 0.3cm 폭으로 어슷하게 칼집을 넣고, 크기는 4×1.5cm로 써시오.(단, 오징어 다리는 4cm 길이로 자른다.)

❷ 고추, 파는 어슷썰기, 양파는 폭 1cm로 써시오.

재료

물오징어(250g) 1마리
소금(정제염) 5g
진간장 10mL
흰 설탕 20g
참기름 10mL
깨소금 5g
풋고추(길이 5cm 이상) 1개
홍고추(생) 1개
양파 중(150g) 1/3개
마늘 중(깐 것) 2쪽
대파 흰 부분(4cm) 1토막
생강 5g

고춧가루 15g
고추장 50g
검은 후춧가루 2g
식용유 30mL

준비작업

1 재료 세척 및 분리 작업을 한다.

조리방법

1 대파는 0.5cm 두께로 어슷썰어 준비한다.

2 마늘과 생강은 곱게 다져둔다.

3 양파는 폭 1cm 두께로 썰고 길이는 제시되지 않아 오징어 길이인 4cm로 준비한다.

4 청·홍고추는 대파와 같은 길이의 폭 0.5cm로 썰어 씨를 제거한다.

5 오징어는 배를 갈라 내장과 뼈를 제거하고 다리에 있는 입과 눈을 제거한다.

6 오징어 몸통과 오징어 지느러미를 분리하여 껍질을 벗겨내고 소금 1/3ts을 손에 움켜쥐고 다리의 빨판을 비벼서 닦는다.

7 다리가 연결되어 있는 부분을 모두 잘라 분리하여 4cm 길이로 자른다.

8 지느러미인 귀도 4cm×1.5cm로 자른다.

9 오징어 몸통은 자르기 전에 0.3cm 간격으로 내장 쪽에 격자 방향 칼집을 넣고 가로 4cm, 세로 1.5cm 크기로 잘라 흐르는 물에 씻고 수분을 제거해 둔다.

10 다진 마늘, 생강, 고추장 2Ts, 고춧가루 1ts, 간장 1ts, 설탕 1Ts, 소금 1/6ts, 참기름 1ts, 깨는 부숴서 소량, 후추 소량으로 양념을 잘 섞어 만든다.

11 팬을 달구어 식용유 1ts을 넣고 양파를 먼저 넣고 볶다가 오징어를 넣고 센 불에서 볶아 오징어가 어느 정도 마르면 양념을 넣고 약한 불에 볶다가 대파, 청·홍고추를 넣어 물이 생기지 않게 마무리하여 제출그릇에 담는다.

12 재료가 골고루 보일 수 있도록 정리한다.

검토

1 오징어의 절단된 크기와 0.3cm 간격의 격자 칼집이 잘 나왔는지 검토한다.

2 오징어의 말리는 방향이 맞는지 검토한다.

3 완성된 오징어볶음에 물이 생기지 않았는지 검토한다.

TIP

- 소금 지급량이 5g이므로 오징어 손질할 때 모두 사용되는 것을 방지한다.
- 대파는 어슷썰기로 제시되었기 때문에 다져서 사용하면 안 된다.
- 오징어는 상하 방향의 결이 나 있어 가로, 세로 절단에 유의해야 말리는 방향이 다르지 않다.
- 오징어를 볶을 때는 센 불에서 조리해야 물이 생기지 않는다.

재료썰기

요구사항 ※ **주어진 재료를 사용하여 다음과 같이 재료썰기를 하시오.**

① 무, 오이, 당근, 달걀지단을 썰기 하여 전량 제출하시오. (단, 재료별 써는 방법이 틀렸을 경우 실격 처리됩니다.)

② 무는 채썰기, 오이는 돌려깎기하여 채썰기, 당근은 골패썰기를 하시오.

③ 달걀은 흰자와 노른자를 분리하여 알끈과 거품을 제거하고 지단을 부쳐 완자(마름모꼴)모양으로 각 10개를 썰고, 나머지는 채썰기를 하시오.

④ 재료썰기의 크기는 다음과 같이 하시오.
   1) 골패썰기 – 0.2cm×1.5cm×5cm
   2) 마름모형 썰기 – 한 면의 길이가 1.5cm

재료 무 100g
오이(길이 25cm) 1/2개
당근(길이 6cm) 1토막
달걀 3개
식용유 20mL
소금 10g

준비작업

1 무, 당근은 껍질을 벗겨 씻어 물기를 제거해 둔다.

2 오이는 가시 제거 후 세척해서 물기를 제거한다.

3 달걀은 분리하여 따로 그릇에 담아 교차오염 방지 및 깨지지 않게 보관한다.

조리방법

1 달걀 흰자와 노른자를 분리하여 노른자에 알끈을 제거한다.

2 위 ①에 소금을 각각 1/5ts 넣고 풀어준 후 거품을 걷어낸다.

3 무는 5cm 길이로 잘라 0.2cm 두께로 편썰어 0.2cm로 채썰고, 오이는 5cm 길이로 잘라 0.2cm 두께로 돌려깎아 0.2cm로 채썬다.

4 당근은 길이 5cm, 두께 0.2cm, 폭 1.5cm로 골패썰기한다.

5 황·백지단을 부쳐 식으면 1.5cm의 마름모형으로 각각 10개씩 썰기 후 0.2cm ×0.2cm×5cm로 각각 채썬다.

6 제출그릇에 가지런히 담아낸다.

검토

1 전체적으로 크기들이 맞는지 확인한다.

2 채썰기는 0.2cm×0.2cm×5cm가 맞는지 확인한다.

3 골패썰기는 두께 0.2cm, 넓이 1.5cm, 길이 5cm가 맞는지 확인한다.

4 마름모형은 면의 길이가 1.5cm가 맞는지 확인한다.

(TIP)

* 재료썰기는 보기와는 다르게 까다로운 과제이다. 능숙한 모습을 그리고 싶다면 연습을 게을리하지 말자.
- 가장 이상적인 지단방법은
  1. 팬을 달궈 코팅한 후에
  2. 불을 끄고 잔열을 이용해 계란을 부어 자리를 잡은 후
  3. 약한 불에서 천천히 익혀낸다. (팬 바닥에 불꽃이 닿지 않는 불)

PART

2

이론편

Chapter 1

한식위생관리

1 식품위생 및 공중보건

1) WHO의 식품위생의 정의

식품의 생육·생산·제조로부터 최종적으로 인간에게 섭취될 때까지의 모든 단계에 있어서 안정성, 보존성, 악화 방지를 위한 모든 수단

2) 세계보건기구의 보건헌장에서의 건강의 의미

육체적, 정신적 및 사회적 안녕의 완전한 상태

3) 식품위생의 목적

① 식품위생상의 위해 사고방지
② 식품 영양의 질적 향상도모
③ 국민보건 증진에 대한 이바지

4) 식품위생의 대상

식품·식품 첨가물·기구·용기·포장을 대상으로 하는 음식에 관련된 모든 위생상태

(1) 중앙기구(보건복지부)

식품위생의 총괄 · 기획을 주관하고 지방의 위생행정기구 지휘 및 감독

(2) 농림축산식품부(농식품부 · 해수부)

농축산물, 수산물의 품질, 경제상 관리

(3) 기획재정부(기재부)

주류의 품질, 경제상 관리

(4) 식품의약품안전처(식약처)

중앙기구의 식품위생 행정 보조

(5) 지방기구(보건환경연구원)

식품의 위생검사

5) 미생물 발육에 필요한 조건

(1) 영양소

미생물의 발육, 증식에 필요한 영양소로 탄소원, 질소원, 무기염류, 발육소 등

(2) 수분

미생물의 몸체를 구성하고 생리기능을 조절하는 성분이며, 필요량은 종류에 따라 다르다. 보통 40% 이상(생육필요 수분량 : 세균 〉 효모 〉 곰팡이)

(3) 산소

- 호기성균 : 산소를 필요로 하는 균(곰팡이, 효모, 식초산균)
- 혐기성균 : 산소를 필요하지 않는 균(낙산균)
- 통성혐기성균 : 산소의 유무에 관계없이 발육하는 균(젖산균)
- 편성혐기성균 : 산소를 절대적으로 기피하는 균

2 식중독

1) 식중독이란

유해물질이 음식물과 함께 섭취되었을 때 일어나는 급성 위장장애

(1) 세균성 식중독(감염형)

① 살모넬라 식중독 : 쥐, 파리, 바퀴, 가축, 닭, 오리

- 원인 식품 : 식육류나 그 가공품, 어패류, 달걀, 우유 및 유제품
- 증상 : 발열, 구토, 설사, 복통
- 특징 : 5~10월에 발생하며 60℃에서 30분간 가열하면 예방

② 장염비브리오 식중독 : 어패류

- 증상 : 급성위장증세, 구토, 복통, 설사, 발열

(2) 병원성 대장균 식중독

우유 및 환자, 보균자, 동물의 분변에 의해 직, 간접으로 오염된 조리식품

(3) 클로스트리디움 웰치균 식중독

- 원인식품 : 육류, 어패류
- 잠복기 : 평균 12시간
- 증상 : 심한 설사, 복통
- 특징 : 100℃에서 1~4시간 가열 시 사멸되지 않음. 식품 저장 시 급속 냉동보존 및 60℃ 이상에서 보존 시 예방. 아포- 60℃, 10분 가열 시 사멸. 0~5℃에서 잘 발육. 당질식품에서 발생 빈도 높음

(4) 세균성 식중독(독소형)

① 포도상구균 식중독 : 늦봄~초가을에 발생비율 높고, 황색 포도상구균은 식중독 및 화농성의 원인균으로 균이 생성하는 장독소는 엔테로톡신(enterotoxion)에 의

한 식중독이며, 균은 열에 약하나 엔테로톡신(독소)은 120℃에서 20분간 끓여도 파괴되지 않음

- 원인식품 : 우유, 유제품, 어육, 곡류 및 가공품, 김밥, 도시락
- 잠복기 : 평균 3시간 가장 짧은 발생시간의 식중독
- 증상 : 급성위장염으로 구토, 복통, 설사

② 보툴리누스 식중독

- 원인균 : A, B, E형
- 독소 : 뉴로톡신(80℃에서 30분 안에 파괴되는 신경독소)
- 원인식품 : 통조림, 소시지, 햄
- 잠복기 : 12~36시간
- 증상 : 위장염, 시력감퇴, 언어곤란, 신경장애, 변비
- 치사율 : 평균 60%

2) 화학적 식중독

- 유해성 금속에 의한 식중독
- Cu(구리), Zn(아연), Cd(카드뮴), Pb(납), Sb(안티몬), Hg(수은), Bi(비스무트), Ba(바륨)
- 농약에 의한 식중독
  유기인제 : 파라티온, 말리티온, 다이아지논, 테프(TEPP)
- 신장의 재흡수 장애로 칼슘 배설을 증가시키는 중금속 카드뮴

(1) 불량 첨가물에 의한 식중독

- 착색제 : 아우라민, 로다민B, 파라니트로아닐린
- 감미료 : 에틸렌글리콜, 니트로아닐린, 둘신, 글루신, 페릴라틴, 사이클라메이트
- 표백제 : 롱갈리트, 형광표백제, 니트로겐 트리클로라이드

- 보존료 : 붕산, 포름알데히드, 불소화합물, 승홍

(2) 메탄올

- 주류 허용량 : 0.5mg/ml 이하, 포도주, 과실주 1.0mg/ml 이하
- 중독량 : 5~10ml
- 치사량 : 30~100ml
- 증상 : 두통, 구토, 설사, 실명, 심하면 호흡곤란으로 사망

(3) 통조림의 유해성분(납, 주석)

- 납 중독 : 소변에서 코프로포르피린 검출
- 수은 중독 : 만성 중독 시 비점막염증, 피부궤양, 비중격천공 등의 증상 나타남

(4) 자연독 식중독(동물성)

- 복어중독 : 테트로도톡신(복어의 난소, 간, 내장, 피부순서로 존재)은 끓여도 파괴되지 않음
- 증상 : 구토, 근육 마비, 의식불명, 호흡곤란
- 치사율 : 50~60%
① 모시조개, 바지락 : 베네루핀(구토, 변비)
② 섭조개 : 삭시톡신 (신체마비)

(5) 자연독 식중독(식물성)

- 독버섯 : 무스카린(위장증상)
- 감자 : 솔라닌
- 청매 : 아미그달린
- 독미나리 : 시큐톡신
- 맥각 : 에르고톡신
- 면실유 : 고시폴

(6) 곰팡이 식중독(중독명-독소-원인별 요약)

- 아플라톡신중독 : 아플라톡신(간장독), 원인(된장, 곶감)
- 맥각 중독 : 에르고톡신(간장독), 원인(보리, 밀, 호밀)
- 황변미 : 시트리닌, 시트리오비리딘(신장독, 신경독, 간장독), 원인(저장밀, 쌀의 푸른곰팡이)

(7) 부패성 식중독(알레르기성 식중독)

원인식중독 : 꽁치나 고등어, 어류의 가공품

3) 식품위생대책

(1) 식중독 발생 시의 대책

① 보고순서

의사 → 보건소장 → 시·도지사 → 보건복지부장관

---

3 공중보건

1) 공중보건의 정의

질병을 예방하고 생명을 연장하며 육체적, 정신적 효율을 증진시키는 기술과 과학

2) 세계보건기구(WTO)의 정의

건강이란 단순한 질병이나 허약의 부재 상태만을 의미하는 것이 아니고, 육체적, 정신적, 사회적으로 모두 완전한 상태

3) 공중보건의 대상

국민 전체, 지역사회

4) 보건수준의 평가지표

영아 사망률(대표적)

5) 건강의 지표

평균수명, 조사망률, 비례사망지수

6) 보건행정의 분류

일반보건행정(보건복지부), 근로보건행정(노동부), 학교, 보건행정(교육부)

7) 직업병의 종류

① 고열환경 : 열중증(조리사, 대장장이)

② 저온환경 : 동상, 동창, 참호족염(저온에서 일어나는 질병)

③ 저압환경 : 고산병, 항공병(높은 곳에서 나타나는 질병)

④ 고압환경 : 잠함병(물속 잠수 시 나타나는 질병. 질소 부족이 원인)

⑤ 분진 : 진폐증(먼지, 분진 등 공사장 등에서 발생률이 높은 질병)

8) 규폐증

① 규산이 들어 있는 먼지가 폐에 쌓여 흉터가 생기는 질환 : 진폐증이라고도 함

② $0.1 \sim 0.5 \mu m$ 크기의 규산이 들어 있는 먼지로 발생

③ 3대 직업병 : 납중독, 벤젠중독, 규폐증

9) 자외선

- 작용 : 비타민 D를 생성하여 구루병을 예방함
- 식품, 물, 공기, 의복, 식기 등의 자연 소독, 살균작용
- 2500~2800 Å 에서 살균력이 가장 강함
- 결핵균, 디프테리아, 기생충 등을 사멸시킴
- 관절염 치료 효과
- 단점 : 결막이나 각막 손상, 피부암을 유발할 수 있음

10) 가시광선

색채, 명암 등을 구분

11) 적외선

열, 일사병, 백내장 등을 일으킴

12) 공기

① 공기의 조성 : 질소(78%), 산소(21%), 탄산가스(0.03~0.04%)
② 탄산가스 : 공기 중 공기오염의 지표
③ CO_2의 위생학적 허용한계 → 0.1%(1000ppm)
④ 공기의 자정작용 : 희석작용, 세정작용, 산화작용, 살균작용

13) CO(일산화탄소)의 특징

- 무색, 무취, 무미
- 헤모글로빈과의 친화력이 산소(O_2)에 비해 300배 강함
- 조직 내에서 산소 결핍을 초래함

- 연탄이 타기 시작한 때와 꺼질 때(불완전연소 시) 발생

14) 군집독

- 밀폐된 곳에 다수인이 밀집되었을 경우 두통, 구토, 현기증을 일으키는 것 → 영화관
- 비말감염이 가장 잘 이루어질 수 있는 조건 : 군집

15) 물

- 지하수 오염 방지를 위해 변소와 최소한 20m 이상 떨어진 곳
- 우물 내벽 3m까지 방수처리

16) 수인성 전염병

① 전염병 종류 : 장티푸스, 파라티푸스, 세균성 이질, 콜레라, 아메바성 이질
② 특징
- 환자 발생이 폭발적
- 음료수 사용지역과 유행지역이 일치
- 치명률이 낮고 2차 감염 환자의 발생이 거의 없음
- 계절에 관계없이 발생
- 성, 연령, 직업, 생활수준과 상관관계 없음

17) 물의 정수법

침사 – 침전 – 여과 – 소독

18) 물의 정수작용

- 희석작용
- 침전작용
- 살균작용
- 자정작용

19) 물의 소독

- 열처리법
- 자외선소독법
- 오존소독법
- 표백분 소독

20) 채광, 조명

① 채광 : 유리창 면적은 바닥 면적의 1/5~1/7배
② 창이 높을수록 천장은 창의 3배 밝음

21) 환기

① 자연환기 : 외부의 온도차, 풍력, 기체의 확산 등을 이용
② 인공환기 : 환풍기, 후드

22) 냉 · 난방

① 냉방 : 실내온도 26℃ 이상 필요, 온도차 5~8℃ 유지
② 난방 : 실내온도 10℃이하 필요, 온도 18±2℃, 습도 40~70% 유지

23) 상 · 하수도

① 합류식 : 생활하수와 천수(눈, 비) 같이 처리(시설비가 적고, 하수관이 자연청소, 수리, 청소가 용이)

② 분류식 : 생활하수와 천수를 따로 처리

4 　한식 재료관리

1) 식품의 감별법

풍부한 경험을 토대로 한다.

2) 농산식품과 그 가공품

(1) 쌀

- 수분함량을 13% 이하로 건조하면 장기간 보관할 수 있다.
- 광택이 있고 투명한 것, 타원형이고 굵고 입자가 정리된 것

(2) 소맥분

- 가루의 결정이 미세하고 색이 희고 밀기울이 섞이지 않은 것
- 잘 건조되고 냄새가 없는 것

(3) 야채 · 과실류

상처가 없고 색이 고운 것, 건조시키지 않은 것

3) 수산식품과 그 가공품

(1) 어류

- 껍질의 색이 선명한 광택이 나고 비늘이 고르게 밀착되어 있는 것
- 탄력이 있고 아가미가 선홍색을 띠는 것

(2) 어육연제품

절단면의 결이 고르고 표면에 점액이 있거나 아취가 나고 끈적이는 느낌이 있는 것은 오래된 제품

4) 축산식품과 그 가공품

(1) 육류

- 쇠고기는 선홍색, 돼지고기는 분홍빛을 띠는 것이 신선함
- 얇게 잘라 투명하게 비쳤을 때 반점이 보이는 것은 신선도가 떨어짐

(2) 육질을 연하게 할 때 도움이 되는 식품

사과, 키위, 파파야

5) 달걀

(1) 신선한 달걀

- 표면이 까칠하고 기공이 작은 것
- 빛에 쬐었을 때, 밝게 보이는 것(투시법)

(2) 신선도가 떨어지는 달걀

- 흔들었을 때 흔들리면 선도가 떨어지는 것
- 6%의 식염수에 넣어 떠오르는 것

6) 우유

(1) 신선한 우유

- 물컵에 우유 한 방울을 떨어뜨릴 때 구름같이 퍼지면서 강하하는 것
- 비중이 1.028 이상인 것

(2) 신선하지 않은 우유

- 이물질, 침전물, 점주성이 있는 것

(3) 이중냄비에 중탕으로 데움

---

5 한식조리 식품학

1) 지방산의 종류

① 포화지방산 : 팔미트산, 스테아린산
② 불포화지방산 : 올레인산, 리놀레산, 리놀렌산, 아라키돈산

2) 경화유

① 불포화지방산에 니켈(Ni)을 촉매로 수소를 첨가하여 포화지방산으로 만든 고체형 기름   예 마가린, 쇼트닝
② 산패 우려 큰 지방산 : 아이코사펜타에노산

3) 유화성

- 기름과 물처럼 서로 섞이지 않는 것이 잘 섞이는 현상

① 수중유적형 → 우유, 마요네즈, 아이스크림

② 유중수적형 → 버터, 마가린

③ 버터, 마가린 지방함량 : 80%

4) 지방의 영양상 효과

① 비타민의 흡수를 도움

② 지용성 비타민 A, D, E, K, F

③ 열량의 발생량이 큼

④ 영양분의 손실을 막음

5) 단백질

① 단순단백질 : 아미노산으로만 만들어진 것(난백, 혈청, 우유 → 알부민, 밀 → 글루테닌)

② 복합단백질 : 단백질 이외의 물질과 결합된 단백질

③ 인단백질 : 우유의 카세인, 난황의 레시틴

④ 당단백질 : 난백의 오보뮤코이드

⑤ 색소단백질 : 혈색소인 헤모글로빈

⑥ 유도단백질 : 단백질을 열 혹은 가수분해하여 얻어지는 물질(콜라겐의 젤라틴화)

⑦ 단백질 분해효소로 식물성 식품에서 얻음 : 파파인

⑧ 완전단백질

• 동물의 성장과 생명 유지에 필요한 모든 필수아미노산이 골고루 들어 있는 단백질

• 부분적 불완전 단백질 : 생명 유지는 되나 성장되지 않는 아미노산(곡류의 리신)

• 불완전 단백질 : 생명 유지와 성장이 되지 않는 아미노산(옥수수의 제인)

• 단백질은 유화성, 거품생성능력, 수화성을 가짐

6) 아미노산의 종류

(1) 필수아미노산

체내에서 생성할 수 없음. 반드시 음식으로부터 공급

(2) 성인에게 필요한 필수아미노산(8가지)

트립토판, 발린, 트레오닌, 이소류신, 류신, 리신, 페닐알라닌, 메티오닌

(3) 성장기 어린이에게 필요한 필수아미노산(2가지)

아르기닌, 히스티딘

(4) 불필수아미노산

인체 자체의 힘으로 만들 수 있는 아미노산

7) 기초 대사량

무의식적 활동(호흡, 심장박동, 혈액운반, 소화 등)에 필요한 열량을 말함

(1) 기초 대사량

- 성인 남자 : 1400~1800kcal
- 성인 여자 : 1200~1400kcal

8) 비타민

① 비타민 C 파괴 효소 : 아스코르비나아제(당근＋무를 채썰어 오랜 시간 방치 시 비타민 C 파괴가 심하게 일어남)
- 아스코르비나아제 = 당근, 호박, 오이 등에 함유
- 에르고스테롤 – 비타민 D의 전구물질로 프로비타민 D로 불림

지용성 비타민	결핍증	수용성 비타민	결핍증
비타민 A	야맹증	비타민 B_1	각기병(당근)
비타민 D	구루병	비타민 B_2	구순구각염 · 설염
비타민 E	노화 촉진, 불임증	비타민 B_6	피부병
비타민 K	혈액 응고 지연	비타민 B_{12}	악성빈혈
비타민 F	피부병, 성장정지	비타민 C	괴혈병
		니아신	펠라그라 피부병

9) 식품의 맛

기본적인 맛 : 단맛, 신맛, 쓴맛, 짠맛

① 단맛 : 포도당, 과당, 맥아당, 유당, 자당

② 신맛 : 식초산(식초), 구연산(딸기, 감귤류), 주석산(포도), 사과산(사과, 배), 유산
  (요구르트), 낙산(치즈, 버터)

• 산미도가 가장 높은 것 : 주석산 〉사과산, 구연산, 아스코르브산

③ 짠맛 : 염화나트륨(식염)

④ 쓴맛 : 카페인(커피, 초콜릿), 테인(차), 호프(맥주)

⑤ 기타 맛(오감에 포함되지 않음)

• 맛난 맛 : 이노신산(가다랑어), 글루타민산(다시마)

• 매운맛 : 캡사이신(고추)

• 떫은맛 : 탄닌(감)

• 아린 맛 : 쓴맛+떫은맛

10) 맛의 현상

(1) 맛의 대비현상

원래 맛+다른 맛= 맛의 증가 현상

⑩ 팥죽 : 단맛에 소금을 가하면 → 단맛의 증가

(2) 맛의 변조현상

원래 맛+다른 맛 = 새로운 맛

⑩ 쓴약 : 쓴맛+물 → 단맛 형성

11) 식품의 특수성분 및 주요성분

① 생선 비린내 성분 : 트리메틸아민(trimethylamine)

② 참기름 : 세사몰(sesamol)

③ 마늘 : 알리신(allicin)

④ 고추 : 캡사이신(capsaicin)

⑤ 생강 : 진저론(zingerone)

⑥ 후추 : 캬비신(chavicine), 피페린(piperine)

⑦ 겨자 : 시니그린(sinigrin)

12) 식품의 색깔

종류	식물성색소	종류	동물성색소
클로로필	녹색채소·알칼리에 안정 (가열 시 클로로필의 철분이 녹 → 갈색 변화) 산, 열에 불안정	미오글로빈	육색소
안토시안	적색, 청색, 자색(사과, 딸기, 포도, 가지) 산성 → 중성 → 알칼리성 (적색 → 자색 → 청색)	헤모글로빈	혈색소

플라보노이드	황색(옥수수, 밀감) 산성에 안정	아스타 크산틴	새우, 게
카로티노이드	적색, 주황색(당근, 늙은 호박, 토마토) 열, 산, 알칼리에 안정	카로틴, 크산토필	

13) 식품의 변질

① 변질의 주원인 : 미생물의 번식, 식품 자체의 효소작용, 공기 중의 산화로 인한 비타민 파괴 및 지방 산패

② 마이야르(갈변현상) : 아미노산과 환원당 사이의 화학반응, 당류와 단백질의 열에 의한 화학적 반응

14) 변질의 종류

① 부패
- 단백질 식품 변질(혐기성) : 통성혐기성 세균으로 산소와 상관없음. 편혐기성 세균은 산소 기피
- 단백질 식품 변질(호기성) : 산소가 필요

② 변패 : 탄수화물식품 변질

③ 산패 : 유지(지방)가 변질됨. 빛, 공기, 수분이 원인

④ 발효 : 미생물의 작용으로 유기산이 생성됨(무해물질)

15) 육류의 부패 경로

① 사후강직 → 자기소화 → 부패(육류 냄새 : 암모니아)

② 생균 수 검사
- 식품의 신선도 판정에 있으며 변질 초기의 생균 수 1g당 107~108마리

16) 보존법의 종류

건조법 · 수분 15% 이하 보존 시 세균 번식 억제

① 진공동결건조법 : 건조 채소
② 일광건조법 : 어류, 패류, 김, 오징어
③ 직화건조법 : 찻잎
④ 동결건조법 : 한천, 당면, 북어
⑤ 분무건조법 : 분유

17) 어패류 가공 시 북어 제조법

동건법

18) 냉장법

움 저장 → 10℃(감자, 고구마 등 저장)

19) 가스저장법

과일, 야채류 저장(O_2 제거)

20) 냉동법

① 급속냉동 : 얼음 결정이 미세 → 얼음 결정이 클수록 해동 시 드립현상 발생
② 완만냉동 : 얼음 결정이 커짐 → 육즙이 많이 나와 질 저하(드립현상)
③ 냉장 : 0~4℃ / 냉동 : −18℃
④ 급속냉동 : −25℃ 이하 저장

21) 식품저장 가열 살균법

① 염장법 : 10%의 소금농도

② 당장법 : 50%의 설탕농도 **예** 잼

③ 산저장 : 식초(초산 3~4% 함유) **예** 피클

④ 훈연법 : 수지(진액)가 적은 나무 사용(참나무, 벗나무, 떡갈나무)

• 효과 : 방부효과, 풍미효과 → 소시지, 햄, 베이컨

22) 곡류의 가공

① 소맥(밀)의 발효 : 이스트, 베이킹파우더

② 찹쌀 : 아밀로펙틴으로만 구성(100%)

③ 멥쌀 외 전분 : 아밀로펙틴 80%, 아밀로오스 20%

④ 아밀로오스 성분이 높은 멥쌀이 찹쌀보다 소화가 잘 됨

23) 두류의 가공과 저장

① 두부 원리 : 단백질인 글리시닌이 무기염류에 의해 응고되는 성질 이용

• 응고제 : 염화마그네슘($MgCl_2$), 염화칼슘($CaCl_2$), 황산마그네슘($MgSO_4$), 황산칼슘($CaSO_4$)

24) 유지의 가공

• 가공유지(경화유) 제조원리

$$\text{불포화지방산} \xrightarrow[\langle\text{촉매 : 니켈(Ni), 백금(Pt)}\rangle]{\text{수소첨가}(H_2)} \text{포화지방산의 형태}$$

25) 과채류의 가공

① 젤리화(잼) 3요소

• 펙틴 : 1.0~ 1.5%

• 산 pH : 3.46pH

• 당분 : 60~ 65%

② 과일의 저장 · 냉장보존, 가스저장법

③ 채소의 가공과 저장

• 조리와 저장을 겸한 염장식품(침채류에 사용되는 소금 : 호렴)

26) 우유의 가공과 저장

① 크림 : 우유에서 유지방을 분리한 것(휘핑크림 : 유지방률 36%)

② 버터 : 우유의 지방성분, 버터에 유지방 함량이 80% 이상, 수분함량이 18% 미만인 것이 이상적인 버터이다.

③ 치즈 : 우유에 산, Rennin(레닌)을 가하여 카세인을 응고

④ 분유 : 분무식 건조법

27) 육류의 가공과 저장

• 사후강직 : 닭고기(6~12시간), 돼지고기(12~24시간), 쇠고기, 말고기(3일)

6 식품첨가물

1) 식품첨가물의 정의

식품의 제조, 가공, 보존할 때 필요에 의해 첨가, 혼합, 침윤하는 물질

2) 보존성

① 보존료(방부제) : 데히드로초산, 소르빈산, 안식향산, 프로피온산

② 살균료 : 차아염소산나트륨(채소 살균 시 사용), 표백분, 에틸렌옥사이드

3) 산화방지제

BHA, BHT, 에리소르브산, 몰식자산프로필

① 천연산화방지제 = 비타민 E(토코페롤), 비타민 C, 참기름(세사몰), 고시폴, 플라본유도체

4) 관능검사

① 인공 조미료 : 글루타민산나트륨

② 이노신산 : 육류나 어류의 고소한 맛

③ 호박산 : 조개류, 갑각류의 구수한 맛

5) 감미료

• 사카린, D-소르비톨, 글리실리진산나트륨, 아스파탐 등

6) 산미료

구연산, 젖산, 초산, 주석산

7) 착색제

타르색소(황색 4호, 5호), β-카로틴, 황산구리, 구리, 클로로필린나트륨

8) 발색제

질산염(육류), 황산제1철, 황산제2철, 염화제1철, 염화제2철

9) 착향료

멘톨, 바닐린, 벤질알코올, 계피알데히드

10) 표백제

과산화수소, 황산염

11) 품질유지, 품질개량

① 소맥분 개량제 : 과산화벤조일, 과황산암모늄, 브롬화칼륨, 이산화염소, 과붕산나
트륨
② 품질개량제 : 복합인산염

12) 유화제

대두인지질, 지방산에스테르, 폴리소르베이트계 4종

13) 호료

카세인

14) 피막제

초산비닐수지, 몰포린지방산염

15) 식품의 제조 가공과정에서 필요한 것

- 식품제조용 첨가제 : 황산화나트륨, 수산화나트륨
- 소포제 : 규소수지(실리콘수지)

16) 팽창제

효모, 명반, 탄산수소나트륨, 탄산수소암모늄, 탄산암모늄

17) 강화제(영양강화)

비타민, 무기질, 아미노산

| 7 | 한식 조리 이론 |

1) 조리의 목적

기호성, 영양성, 안전성, 저장성, 다양성

2) 조리의 분류

(1) 가열조리

- 습열조리 : 삶기, 끓이기, 찌기
- boiling(보일링) : 끓이기 / stew(스튜) : 찜
- braise(브레이즈) : 찌개 / blanching(블랜칭) : 데치기
- simmering(시머링) : 장시간 끓이기

(2) 건열조리 : 굽기, 튀기기, 구이

- frying(프라잉) : 튀기기 / broiling(브로일링) : 굽기
- roasting(로스팅) : 굽기 / saute(소테) : 단시간 볶기

3) 조리의 측량법

(1) 계량

- 가루 : 체에 쳐서 담고 윗면을 평평하게 깎아서 계량
- 액체 : 눈금과 눈높이를 맞추어 읽는다.
- 지방, 흑설탕 : 단단하게 눌러서 수평으로 깎아서 계량한다.
- 쌀, 콩 : 컵에 가득 담아서 살짝 흔들어 윗면을 수평이 되도록 덜어내고 잰다.

4) 쌀의 조리

- 현미쌀(왕겨층만 제거한 것) : 소화율이 낮고 영양가 높다.
- 백미쌀(현미를 도정한 것) : 소화율이 높고 영양가가 낮다.

5) 호화

생전분에 물분자와 열이 들어가 팽윤된 상태

① 영향을 주는 인자 → 가열온도 높을수록 잘됨

② 오래 불릴수록 잘됨

③ 전분입자가 클수록 빨리 호화. 소금은 전분의 호화와 점도를 억제한다.

6) 노화

- 호화된 전분을 방치하면 점점 생전분에 가까운 상태로 되는 것
- 전분이 노화되기 쉬운 온도는 0~5℃

7) 노화 억제요인

- 아밀로오스 함량이 적고 아밀로펙틴 함량이 많을수록 느리다.
- 건조(수분 15%)−냉동(0℃ 이하)−80℃ 이상 유지

8) 호정화

전분을 160~170℃ 건열로 가열

- 호화와 차이점은 수분이 안 들어가는 것
- 식혜를 만들 때 당화온도를 50~60℃ 정도로 유지하는 이유 → 아밀라아제의 작용을 활발하게 하기 위함

9) 소맥분의 조리

- 글루텐 형성 도와주는 것 : 달걀
- 밀가루 안에 글리아딘과 글루테닌이 합쳐서 글루텐(단백질) 형성
- 밀의 주요 단백질 : 알부민, 글리아딘, 글루테닌

10) 두류

(1) 두부

- 콩단백질(글리시닌)이 간수(염화마그네슘, 염화칼슘, 황산칼슘, 황산마그네슘)에 의해 응고된 것
- 콩 가열 시 식용소다를 사용하면 빨리 무르고 비타민 B_1, 티아민이 손실되므로 1% 소금물을 사용

11) 한식 조리 : 야채 조리법

① 가열조리법 : 소금을 넣고 끓는 물에 단시간 데친다.

② 물의 양은 재료의 5배이며, 수산 제거를 위해 뚜껑을 열고 데친다.

③ 조리에 따른 재료의 비타민 안정도 : E 〉 D 〉 A 〉 B 〉 C

④ 녹색 채소 데치기

- 조리수가 많으면 비타민 C 손실 ↑
- 조리수가 적으면 유기산과 많이 접촉
- 소금을 첨가하면 비타민 C 산화도 억제, 색 선명
- 소다 첨가 시 색은 선명해지나 영양소 파괴가 크다.

12) 식품조리 시 갈변현상

① 사과, 가지, 고구마 등 폴리페놀성 물질을 산화시키는 효소작용에 의해 갈변

② 감자를 절단하면 흑갈색 멜라닌 색소 발생. 갈변을 막으려면 물에 담근다.

③ 아미노산, 카르보닐 반응으로 간장과 된장의 갈변물질 발생

13) 유지

(1) 튀김

- 영양 손실이 가장 적은 조리법
- 튀김 시 온도는 170℃ 정도가 적당
- 발연점이 높을수록 좋다.
- 기름의 양은 식품의 6~7배
- 식물성 기름이 좋다.

(2) 발연점이 낮아지는 경우

- 유리지방산의 함량이 많을수록
- 이물질함량이 많을수록
- 사용횟수가 많을수록
- 기름의 표면적이 넓을수록

14) 육류

직화구이 및 훈연 중 발생하는 발암물질-벤조피렌

① 습열조리 : 찜, 국, 조림 → 장정육, 양지육, 사태육, 업진육, 중치육
② 건열조리 : 구이, 산적 등 → 등심, 갈비, 안심, 홍두깨살, 채끝살

15) 알류

- 황화제일철 : 계란을 오랫동안 가열하면 난백의 황과 난황의 철이 결합하여 암록색 띠를 형성

16) 계란의 녹변현상

① 가열시간이 길수록

② 가열온도가 높을수록

③ 신선한 계란이 아닐 때

④ 삶은 후 찬물에 담그지 않았을 때

17) 소화 순서

반숙 > 완숙 > 생란 > 후라이

① 난백의 기포성 : 기름은 저하, 식초는 증가, 설탕은 안정

② 스펀지 케이크, 머랭 등은 계란의 기포성을 이용

18) 어류

① 흰살생선 : 도미, 광어, 조기 등은 지방이 적음(산패가 느림)

② 붉은살 생선 : 꽁치, 고등어, 정어리 등 지방이 많음(산패가 빠름)

③ 생선이 가장 맛있을 때 : 산란기 직전

④ 지방의 함량 : 불포화지방산 80%, 포화지방산 20%

⑤ 비린내 제거 : 어패류 고유의 비린내(트리메틸아민)

• 물로 씻기

• 식초, 과즙 등 첨가

• 파, 마늘, 생강(나중에 첨가)

• 전, 튀김, 구이 등의 방식으로 조리

• 우유 첨가

• 뚜껑을 열고 조리

⑥ 신선도가 저하된 어패류의 냄새성분 : 암모니아, 황화수소, 트리메틸아민옥사
  이드

19) 냉동식품의 해동법

- 어류, 육류 : 냉장고에서 서서히 해동, 흐르는 물(유수) 해동
- 야채 : 동결상태로 조리
- 조리식품 : 플라스틱 필름에 싸서 끓는 물에 해동
- 빵, 케이크 : 실온에서 해동

20) 한천 및 젤라틴

- 한천 : 우뭇가사리(탄수화물), 식물성 응고제(30~40℃/농도 0.5~3%), 유제품, 청량음료 안정제 예 양갱, 푸딩
- 젤라틴 : 뼈, 가죽(단백질 동물성 응고제 응고온도 13℃ 이하/농도 3~4%)
  예 족편, 젤리, 푸딩

---

8 집단급식

1) 집단급식의 정의

특정 다수인을 대상으로 계속적으로 공급(상시 1회 50인 이상)하며 비영리적으로 운영 예 학교, 공장, 사업장, 병원 등

2) 집단급식의 목적

- 급식대상자의 영양 개선 도모
- 지역사회의 식생활 개선 도모

3) 식단 작성의 의의

영양의 균형적 보급과 합리적 식습관 형성

4) 식단 작성 시 공급열량의 구성비

당질 65%, 지방 20%, 단백질 15%

5) 조리설비

- 조리장의 기본요소 : 위생 · 능률 · 경제
- 구조 : 바닥에서 1m까지는 내수성 자재 시공(타일, 콘크리트)
- 일반 급식소에의 급식수 1인당 주방면적 0.1㎡ 정도

6) 조리의 목적

식품을 소화하기 쉽고 위생적으로 처리

7) 가열조리

- 목적 : 식품을 가열함으로써 위생적으로 완전하고 소화 흡수를 잘할 수 있게 하는 것
- 열효율 크기 : 전력 〉 가스 〉 장작 〉 연탄

8) 조리방법

① 튀김 : 영양소 손실이 가장 적은 조리법으로 식물성유를 사용한다.
② 찜 : 모양 유지, 수용성 성분 용출이 적다.
③ 볶음 : 고열로 단시간 처리하므로 영양소 손실이 적고 지용성 비타민의 흡수를 돕는다.

④ 무침 : 양념에 무쳐 만든 요리. 무, 당근, 오이 등을 채썰어 섞어서 보관하면 비타민 C 파괴됨

- 조미료 첨가 순서 : 설탕 · 소금 · 간장 · 식초

9) 식품 구입 계획 시 특히 고려할 점

식품의 가격과 출회 중량, 산지표, 산지, 상자당 개수, 품종

- 곡류, 건어물 등 부패가 적은 식품은 1개월씩 한꺼번에 구입
- 부패가 빠르게 진행되는 생선, 과채류 등은 필요에 따라 수시로 구입

---

9 원가계산

1) 원가계산의 목적

가격 결정의 목적, 원가 관리의 목적, 예산 편성의 목적, 재무제표의 작성

2) 원가의 종류

- 재료비 : 제품 제조에 소비되는 물품의 원가
- 노무비 : 제품 제조에 소비되는 노동의 가치
- 경비 : 제품 제조에 소비되는 재료비, 노무비 이외의 수도 · 광열비, 전력비, 감가상각비, 보험료 등
- 직접 원가 = 직접재료비 + 직접노무비 + 직접경비
- 제조 원가 = 제조 간접비 + 직접 원가
- 총원가 = 판매 관리비 + 제조 원가

3) 원가계산의 원칙

- 진실성의 원칙
- 발생 기준의 원칙
- 계산 경제성의 원칙
- 확실성의 원칙
- 정상성의 원칙
- 비교성의 원칙
- 상호 관리의 원칙

4) 원가계산의 종류

- 직접비 : 직접재료비, 직접노무비, 직접경비
- 간접비 : 간접재료비(보조 재료비), 간접노무비(급료, 잡급, 수량 등), 간접경비(감가상각비, 전력비, 가스비)

5) 표준 원가계산

① 원가관리란 : 원가의 통제를 통하여 가능한 절감하려는 경영기법
② 손익분기점 : 수입과 총비용이 일치하는 점(이익도 손실도 없다.)

6) 감가상각의 의의

기업의 자산(재산)은 고정자산(토지, 건물, 기계 등)과 유동자산(현금, 예금, 원재료 등) 및 기타 자산으로 구분된다. 고정자산은 시일이 경과됨에 따라 잔존금액 가치가 하락되는 것을 감가상각비라고 한다.

7) 감가상각의 3요소

기초가격(구입가격), 내용연수(사용한 연수), 잔존가격(기초가격의 10%)

10 식품위생법규

1) 식품위생(행정)법의 목적

- 식품으로 인한 위생상의 위해 방지
- 식품영양의 질적 향상 도모
- 국민보건의 향상과 증진에 기여

2) 식품위생법에 의한 분류

① 식품 : 의약품을 제외한 모든 음식물

② 첨가물 : 식품의 제조, 가공, 보존에 있어 식품에 첨가, 혼합, 침윤 등의 방법으로 사용되는 물질

③ 화학적 합성품 : 화학적 수단에 의하여 원소, 화합물에 반응을 일으키는 물질

④ 기구 : 식품, 첨가물에 직접 접촉되는 모든 기계, 물건(식품 채취에 사용되는 기계, 기구는 제외)

⑤ 표시 : 용기, 기구, 포장에 기재하는 문자, 숫자, 도형

⑥ 영업 : 식품, 첨가물을 채취, 제조, 가공, 수입, 조리, 저장, 운반 또는 판매하거나 기구, 용기, 포장을 제조, 수입, 운반, 판매하는 업(다만, 농업 및 수산업에 속하는 식품의 채취업은 제외)

⑦ 식품위생 : 식품, 첨가물, 기구, 용기 포장을 대상으로 하는 음식에 관한 위생

3) 집단급식소

영리를 목적으로 하지 않고 계속적으로 특정 다수인에게 음식물을 공급하는 시설이며 1회 급식이 50인 이상이며 영양사 필요

4) 보존식

급식소에서 제공한 요리 1인분을 냉장고에 일정시간(72시간) 보존하여 식중독 발생 시 역학조사

5) 식품 등의 자진회수

판매의 목적으로 식품을 제조 · 가공 · 소분 또는 수입한 영업자는 당해 식품으로 인한 위생상의 위해가 발생하였거나 발생할 우려가 있다고 인정하는 때에는 그 사실을 국민에게 알리고 유통 중인 당해 식품 등을 회수한다.

6) 식품안전관리인증기준(HACCP)

식품의 원료관리, 제조, 가공 및 유통의 전 과정에서 위해한 물질이 해당 식품에 혼입 또는 오염되는 것을 방지하기 위하여 각 과정을 중점 관리

7) 식품 및 식품첨가물 판매 및 유통 금지

- 위해 식품 등의 판매 등 금지
- 썩었거나 상하였거나 설익은 것
- 유독 · 유해물질이 들어 있거나 묻어 있는 것
- 병원 미생물
- 불결하거나 다른 물질의 혼입 또는 첨가
- 영업의 허가를 받지 아니하거나 신고를 아니한 자가 제조 · 가공한 것

- 수입이 금지되고 신고하지 아니하고 수입한 것
- 병육 등의 판매 등 금지
- 기준 · 규격이 고시되지 아니한 화학적 합성품 등의 판매 등 금지

8) 식품위생법상 수입식품 검사의 종류

서류검사, 관능검사, 정밀검사

9) 허위 표시

- 질병 치료효능, 의약품과 혼동할 우려가 있는 표시
- 허가받은 사항, 신고사항, 수입신고한 사항과 다른 내용의 표시
- 제품의 성분을 혼동할 우려가 있는 내용의 표시
- 제조연월일, 유통기한이 사실과 다른 내용의 표시

10) 제품검사

인삼제품, 건강보조식품, 첨가물(타르색소, 보존료)

① 수입식품신고 : 보건복지부 장관, 식품의약품안전처장

11) 무상 수거대상 식품

- 제12조제1항의 규정에 의하여 검사에 필요한 식품 등을 수거할 때
- 유통 중인 부정 · 불량식품 등을 수거할 때
- 부정 · 불량식품 등을 압류 또는 수거 · 폐기해야 할 때
- 수입식품을 검사할 목적으로 수거할 때

12) 식품위생감시원의 업무

- 식품위생에 관한 지도를 행하는 사람, 식품위생 행정에 직접 참여
- 식품, 첨가물, 기구 및 용기, 포장의 위생적 취급기준의 이행지도
- 수입, 판매 또는 사용 등이 금지된 식품, 첨가물, 기구 및 용기, 포장의 취급 여부에 관한 단속
- 표시기준 또는 과대광고 금지의 위반 여부에 관한 단속
- 출입 및 검사에 필요한 식품 등의 수거
- 시설기준 적합 여부의 확인, 검사
- 영업자 및 종사자의 건강진단 및 위생교육 이행 여부의 확인, 지도
- 식품위생 관리인, 조리사, 영양사의 법령 준수사항 이행여부의 확인, 지도

13) 식품위생 검사기관

지방식품의약품안전청, 시도보건환경연구원, 국립검역소, 국립수산물 검사소 등 식품제조업 및 첨가물 제조업 등의 자가기준과 규격의 검사를 행하는 기관. 식품위생 행정의 과학적 뒷받침을 위한 중앙검사기관

14) 조건부 영업허가의 대상

식품제조가공업(주류는 제외), 첨가물 제조업, 유흥접객업

15) 조건부 영업허가 시간

1년의 범위 안에서 허가관청이 정하는 기간으로 하되 1회에 한하여 6개월을 넘지 않는 범위에서 기간 연장 가능

16) 위생교육

식품접객업 위생교육 의무시간 : 6시간

- 대상자 : 영업자, 식품위생 관리인, 영양사와 조리사를 제외한 종업원

17) 조리사의 필수 업장

- 복어 조리 판매업, 객석 면적이 120m² 이상인 업소, 집단급식소

18) 영양사 필수 사업장

- 상시 1회 50인 이상에게 식사를 제공하는 집단급식소(제조업 : 100인)

19) 조리사 또는 영양사 결격사유

- 정신질환자, 정신지체인
- 전염병 환자
- 마약, 약물 중독자
- 조리사 또는 영양사 면허 취소 처분을 받고 취소된 날로부터 1년이 지나지 아니한 자
- 면허 결격사유에 해당 시
- 식중독 등 위생상 중대한 사고를 냈을 때
- 자격증 대여 시

20) 과대광고

- 허가받은 사항, 수입신고사항과 다른 내용의 표시 광고
- 외국과 기술 제휴한 것으로 혼동할 우려가 있는 광고
- 다른 제품을 비방, 비방할 우려가 인정되는 광고

- 수제법, 최고, 특, 베스트, 스페셜 등의 광고
- 제품의 성분을 혼동할 우려가 있는 광고

21) 영업허가를 받아야 할 업종

- 식품첨가물 제조업
- 식품조사 처리업
- 휴게음식업
- 단란주점의 영업, 유흥주점 → 시장, 군수, 구청장 · 일반음식업

PART

3

한식기출문제

한식기출문제

01 세균성 식중독의 예방법으로 적합하지 않은 것은?

① 시설 및 식품을 위생적으로 취급한다.

② 일단 조리한 식품은 빠른시간 내에 섭취하도록 한다.

③ 식품을 냉장고에 보관할 때에는 덩어리째 보관하여 사용 시마다 냉동 및 해동을 반복하여 조리한다.

④ 식기, 도마 등은 세척과 소독에 철저를 기한다.

[정답] ③

[해설] 냉동과 해동을 반복하면 세균이 증식하고 품질이 저하되므로 필요한 양만큼 소포장하여 분할 냉동한다.

02 다음 산화방지제 중 사용제한이 없는 것은?

① L-아스코르빈산나트륨

② 아스코르빌 팔미테이트

③ 디부틸히드록시톨루엔

④ 이디티에이2나트륨

[정답] ①

[해설] 비타민 C, 비타민 E, L-아스코르빈산나트륨은 사용제한이 없다.

03 식품과 독성분의 연결이 틀린 것은?

① 매실 - 베네루핀(venerupin)

② 섭조개 - 삭시톡신(saxitoxin)

③ 독버섯 - 무스카린(muscarine)

④ 독보리 - 테물린(temuline)

[정답] ①

04 다음 균에 의해 식사 후 식중독이 발생했을 경우 평균적으로 가장 빨리 식중독을 유발시킬 수 있는 원인균은?

① 살모넬라균   ② 리스테리아

③ 포도상구균   ④ 장구균

[정답] ③

[해설] 살모넬라 평균 18시간, 리스테리아균 1~7일, 장구균 5~10시간, 포도상구균 평균 3시간

05 부패된 어류에 나타나는 현상은?

① 아가미의 색깔이 선홍색이다.

② 육질은 탄력성이 있다.

③ 눈알은 맑지 않다.

④ 비늘이 광택이 있고 점액이 별로 없다.

[정답] ③

06 식품을 조리 또는 가공할 때 생산되는 유해물질과 그 생성 원인을 잘못 짝지은 것은?

① 엔-니트로소아민(N-nitrosoamine) - 육가공품의 발색제 사용으로 인한 아질산과 아민과의 반응 생성물

② 다환방향족 탄화수소(Polycyclic aromatichydrocarbon) - 유기물질을 고온으로 가열할 때 생성되는 단백질이나 지방의 분해 생성물

③ 아크릴아마이드(acrylamide) - 전분식품을 가열 시 아미노산과 당의 열에 의한 결합반응 생성물

④ 헤테로고리아민(heterocyclic amines) - 주류 제조 시 에탄올과 카바밀기의 반응에 의한 생성물

정답 ④

해설 헤테로고리아민은 헤테타로사이클릭아민류라고도 하며 육류나 생선을 고온으로 조리할 때 존재하는 아미노산과 크레아틴이라는 물질이 반응하여 고리형태로 생성되는 물질

07 보존제에 대한 설명으로 옳은 것은?

① 식품에 발생하는 해충을 사멸시키는 물질

② 식품의 변질 및 부패의 원인이 되는 미생물을 사멸시키거나 증식을 억제하는 작용을 가진 물질

③ 식품 중의 부패세균이나 전염병의 원인균을 사멸시키는 물질

④ 곰팡이의 발육을 억제시키는 물질

정답 ②

08 세균성 식중독의 가장 대표적인 증상은?

① 중추신경마비 ② 급성 위장염
③ 언어장애   ④ 시력장애

정답 ②

09 우리나라 식품위생법에서 정의하는 식품첨가물에 대한 설명으로 틀린 것은?

① 식품의 조리과정에서 첨가되는 양념

② 식품의 가공과정에서 첨가되는 천연물

③ 식품의 제조과정에서 첨가되는 화학적 합성품

④ 식품의 보존과정에서 저장성을 증가시키는 물질

정답 ①

10 식품취급자가 손을 씻는 방법으로 적합하지 않은 것은?

① 살균효과를 증대시키기 위해 역성비누액에 일반 비누액을 섞어 사용한다.

② 팔에서 손으로 씻어 내려온다.

③ 손을 씻은 후 비눗물을 흐르는 물에 충분히 씻는다.

④ 역성 비누원액을 몇 방울 손에 받아 30초 이상 문지르고 흐르는 물로 씻는다.

정답 ①

11 황색 포도상구균의 특징이 아닌 것은?

① 균체가 열에 강함
② 독소형 식중독 유발
③ 화농성 질환의 원인균
④ 엔테로톡신 생성

[정답] ①

[해설] 포도상구균은 끓이면 균은 죽지만 엔테로톡신(독소)은 남아 있다.

12 다음 중 식품위생법에 명시된 목적이 아닌 것은?

① 위생상의 위해를 방지
② 건전한유통, 판매를 도모
③ 식품영양의 질적 향상을 도모
④ 식품에 관한 올바른 정보를 제공

[정답] ②

13 집단급식소란 영리를 목적으로 하지 아니하면서 특정 다수인에게 계속하여 음식물을 공급하는 기숙사, 학교, 병원 그 밖의 후생기관 등의 급식시설로서 1회 몇 인 이상에게 식사를 제공하는 급식소를 말하는가?

① 30명　　② 40명
③ 50명　　④ 60명

[정답] ③

14 영업신고를 하여야 하는 업종은?

① 단란주점영업
② 유흥주점영업
③ 일반음식점영업
④ 식품조사처리업

[정답] ③

[해설] 영업신고를 해야 하는 업종 : 휴게음식점영업, 일반음식점영업, 위탁급식영업, 제과점영업

15 허위표시, 과대광고 및 과대포장의 범위에 해당하지 않은 것은?

① 허가, 신고 또는 보고한 사항과 다른 내용의 표시광고
② 인체의 건전한 성장 및 발달과 건강한 활동을 유지하는 데 도움을 준다는 표현
③ 제품의 원재료 또는 성분과 다른 내용의 표시, 광고
④ 제조연월일 또는 유통기한을 표시함에 있어 사실과 다른 내용의 표시, 광고

[정답] ②

[해설] 인체의 건강증진과 식품영양의 질적 향상을 목적으로 하는 것은 허위표시 및 과대광고의 범위에 해당되지 않는다.

16 식품의 변화현상에 대한 설명 중 틀린 것은?

① 산패 : 유지상품의 지방질의 산화
② 발효 : 화학물질에 의한 유기화합물의 분해
③ 변질 : 식품의 품질 저하
④ 부패 : 단백질과 유기물이 부패 미생물에 의해 분해

[정답] ②

17 찹쌀이 들어 있는 전분에 대한 설명이 맞는 것은?

① 아밀로오스만 구성돼 있다.
② 아밀로오스와 아밀로펙틴이 동량으로 구성돼 있다.
③ 아밀로펙틴으로 구성돼 있다.
④ 아밀로오스 : 80, 아밀로펙틴 : 20으로 구성되어 있다.

[정답] ③

18 아래의 안토시아닌(anthocyanin)의 화학적 성징에 대한 설명에서 ( ) 안에 알맞은 것을 순서대로 나열한 것은?

> anthocyanin은 산성에서는 ( ), 중성에서는 ( ), 알칼리성에서는 ( )을 나타낸다.

① 적색 – 자색 – 청색
② 청색 – 적색 – 자색
③ 노란색 – 파란색 – 검정색
④ 검정색 – 파란색 –노란색

[정답] ①
[해설] 안토시아닌 색소는 채소 및 과일에 들어 있는 색소로 산성에서 적색, 알칼리에서 청색으로 나타난다.

19 다음 중 천연 항산화제와 거리가 먼 것은?

① 토코페롤
③ 스테비아추출물
③ 플라본 유도체
④ 고시폴

[정답] ②

[해설] 식물에서 추출하는 스테비오사이드는 설탕 300배 정도의 단맛을 내는 감미료다.

20 전분의 변화에 대한 설명으로 옳은 것은?

① 호정화란 전분에 물을 넣고 가열시켜 전분입자가 붕괴되고 미셀구조가 파괴되는 것이다.
② 호화란 전분을 묽은 산이나 효소로 가수분해시키거나 수분이 없는 상태에서 160~170도로 가열하는 것이다.
③ 전분의 노화를 방지하려면 호화전분을 0도 이하로 급속 동결시키거나 수분을 15% 이하로 감소시킨다.
④ 아밀로오스의 함량이 많은 전분이 아밀로펙틴이 많은 전분보다 노화되기 어렵다.

[정답] ③

21 죽상에 올리는 반찬으로 거리가 먼 것은?

① 나박김치　　② 복어보푸라기
③ 장조림　　④ 닭찜

[정답] ④
[해설] 죽상에 올리는 찬은 마른반찬, 장아찌류이며 닭찜이나 전골류는 올리지 않는다.

22 다음 중 알칼리성 식품의 성분에 해당하는 것은?

① 유즙에 칼슘(Ca)
② 생선의 유황(S)

③ 곡류의 염소(CI)

④ 육류의 산소(O)

정답 ①

23 질긴 부위의 고기를 물속에서 끓일 때 고기가 연하게 되는데, 이에 관여하는 주된 원인 물질은?

① 헤모글로빈　　② 콜라겐

③ 엘라스틴　　　④ 미오글로빈

정답 ②

해설 콜라겐이 많고 질긴 고기는 물과 함께 장시간 가열하면 고기가 부드러워진다.

24 유지의 신선도를 측정하기 위한 수치는?

① 검화값　　　② 산값

③ 요오드값　　④ 아세틸값

정답 ②

25 다음 중 효소가 아닌 것은?

① 말타아제(maltase)

② 펩신(pepsin)

③ 레닌(rennin)

④ 유당(lactose)

정답 ④

26. 밥맛에 영향을 주는 인자로 옳은 것은?

① 설탕을 0.02~0.03% 첨가하면 밥맛이 좋다.

② 밥물의 pH가 4~5이면 밥맛이 좋다.

③ 도정한 지 얼마 되지 않은 쌀이 밥맛이 좋다.

④ 밥을 담는 그릇은 도자기 그릇이어야 밥맛이 좋다.

정답 ③

27 과일잼 가공 시 펙틴은 주로 어떤 역할을 하는가?

① 신맛 증가　　② 구조 형성

③ 향 보존　　　④ 색소 보존

정답 ②

해설 펙틴, 당, 산은 잼 가공 시 구조를 형성하는 역할을 한다.

28 아이코사펜타노익산(EPA : eicosapentanoic acid)과 같은 다가불포화지방산을 많이 함유하고 있는 생선은?

① 고등어　　　② 갈치

③ 조기　　　　④ 대구

정답 ①

해설 EPA는 음식물을 통하여 섭취. 불포화지방산[오메가-3로 등 푸른 생선(고등어, 꽁치, 참치)]에 많이 함유

29 신선도가 떨어진 어패류의 냄새성분이 아닌 것은?

① TMAO(trimethylamine oxide)

② 암모니아(ammonia)

③ 황화수소(H_2S)

④ 인돌(indole)

정답 ①

30 다음 동물성지방의 종류와 급원 식품이 잘못 연결된 것은?

① 라드 - 돼지고기의 지방조직

② 우지 - 소고기의 지방조직

③ 마가린 - 우유의 지방

④ DHA - 생선기름

정답 ③

해설 액상인 식물성유에 수소를 첨가하여 고체의 형태인 포화지방산으로 고체화시킨 가공유지

31 일반적으로 폐기율이 가장 높은 식품은?

① 살코기　② 계란

③ 생선　　④ 곡류

정답 ③

32 비린내가 심한 어류의 조리방법으로 잘못된 것은?

① 청주나 포도주를 첨가하여 조리한다.

② 물에 씻을수록 비린내가 많이 나므로 재빨리 씻어 조리한다.

③ 식초와 레몬즙 등의 신맛을 내는 조미료를 사용하여 조리한다.

④ 황화합물을 함유한 마늘, 파, 양파를 양념으로 첨가하여 조리한다.

정답 ②

33 음식을 제공할 때 온도를 고려해야 한다. 다음 중 맛있게 느끼는 온도가 가장 높은 것은?

① 전골　　② 국

③ 커피　　④ 밥

정답 ①

해설 전골 95~98도, 커피·국 70~75도, 밥 40~45도

34 단맛을 내는 조미료에 속하지 않은 것은?

① 올리고당(oligosaccharide)

② 설탕(sucrose)

③ 스테비오사이드(stevioside)

④ 타우린(taurine)

정답 ④

해설 타우린은 아미노산의 일종. 새우, 문어, 오징어, 조개류 등에 들어 있는 감칠맛 성분

35 채소를 데칠 때 뭉그러짐을 방지하기 위한 가장 적당한 소금의 농도는?

① 1%　　② 10%

③ 20%　　④ 30%

정답 ①

36 밀가루를 물로 반죽하여 면을 만들 때 반죽의 점성에 관계하는 주성분은?

① 글로불린(globulin)

② 글루텐(gluten)

③ 덱스트린(dextrin)

④ 아밀로펙틴(amylopectin)

정답 ②

37 묵에 대한 설명으로 틀린 것은?

① 전분의 겔(gel)화를 이용한 우리나라의 전통음식이다.

② 가루의 10배 정도의 물을 가하여 쑨다.

③ 전분의 농도는 묵의 질에 영향을 준다.

④ 메밀, 녹두, 도토리 등의 가루를 이용하여 만든다.

정답 ②

38 양파를 강열 조리 시 단맛이 나는 이유는?

① 황화아릴류가 증가하기 때문

② 가열하면 양파의 매운맛이 제거되기 때문

③ 알리신이 티아민과 결합하여 알리티아민으로 변하기 때문

④ 황화합물이프로필메르캅탄(propyl-mercaptan)으로 변하기 때문

정답 ④

해설 양파의 맛성분이 열을 가하면 기화되면서 일부 분해되어 단맛을 내는 '프로필메르캅탄' 때문

39 식품에 식염을 직접 뿌리는 염장법은?

① 물간법　② 마른간법

③ 압착염장법　④ 염수주사법

정답 ②

40 어패류에 소금을 넣고 발효숙성시켜 원료 자체 내 효소의 작용으로 풍미를 내는 식품은?

① 어육소시지　② 어묵

③ 통조림　④ 젓갈

정답 ④

41 다음의 냉동방법 중 얼음 결정이 미세하여 조직의 파괴와 단백질 변성이 적어 원상유지가 가능하며 물리적, 화학적 품질변화가 적은 것은?

① 침지동결법　② 급속동결법

③ 접촉동결법　④ 공기동결법

정답 ③

42 단체급식에서 생길 수 있는 문제점과 거리가 먼 것은?

① 심리 면에서 가정식에 대한 향수를 느낄 수 있다.

② 비용 면에서 물가상승 시 재료비가 충분하지 않을 수 있다.

③ 청결하지 않게 관리할 경우 위생상의 사고위험이 있다.

④ 불특정인을 대상으로 하므로 영양관리가 안 된다.

정답 ④

43 근육의 주성분이며 면역과 관계가 깊은 영양소는?

① 비타민　② 지질

③ 단백질　④ 무기질

정답 ③

44 육류, 채소 등 식품을 다지는 기구를 무엇이라고 하는가?

① 초퍼(chopper)
② 슬라이서(slicer)
③ 채소절단기(cutter)
④ 필러(peeler)

정답 ①

45 갈비구이를 하기 위한 양념장을 만드는 데 사용되는 양념 중 육질의 연화작용을 돕는 역할을 하는 재료로 짝지어진 것은?

① 참기름, 후춧가루
② 배, 설탕
③ 양파, 청주
④ 간장, 마늘

정답 ②

46 다음 중 식단 작성 시 고려해야 할 사항으로 옳지 않은 것은?

① 급식대상자의 영양 필요량
② 급식대상자의 기호성
③ 식단에 따른 종업원 및 필요기기의 활용
④ 한식의 메뉴인 경우 국(찌개), 주찬, 부찬, 주식, 김치류의 순으로 식단표 기재

정답 ④

47 다음 중 젤라틴을 이용하는 음식이 아닌 것은?

① 두부   ② 족편
③ 과일젤리   ④ 아이스크림

정답 ①

해설 두부는 콩 단백질인 글리시닌이 무기염류(응고제)에 의해 응고시킨 제품

48 육류조리에 대한 설명으로 틀린 것은?

① 탕 조리 시 찬물에 고기를 넣고 끓여야 추출물이 최대한 용출된다.
② 장조림 조리 시 간장을 처음부터 넣으면 고기가 단단해지고 잘 찢기지 않는다.
③ 편육 조리 시 찬물에 넣고 끓여야 잘익고 고기 맛이 좋다.
④ 불고기용으로는 결합조직이 되도록 적은 부위가 적당하다.

정답 ③

49 난백의 기포성에 영향을 주는 인자에 대한 설명으로 옳은 것은?

① 난백의 온도가 낮을수록 기포 생성이 용이하다.
② 설탕은 난백의 기포성은 증진되나 안정성이 감소된다.
③ 레몬즙을 넣으면 단백질 점도가 저하되어 기포성은 좋아진다.
④ 물을 40% 첨가하면 기포성은 저하되고 안정성은 증가된다.

정답 ③

50 다음 중 기름의 산패가 촉진되는 경우는?

① 밝은 창가에 보관할 때
② 갈색병에 넣어 보관할 때
③ 저온에서 보관할 때
④ 뚜껑을 꼭 막아 보관할 때

정답 ①

51 상수를 정수하는 일반적인 순서는?

① 침수 → 침전 → 여과 → 소독
② 예비처리 → 본처리 → 오니처리
③ 침전 → 여과처리 → 소독
④ 예비처리 → 침전 → 침사 → 소독

정답 ①

52 식품 검수 시 유의할 점으로 잘못된 것은?

① 정확한 검수를 위해 식품은 맨손으로 만져보고, 직접 맛을 본다.
② 검수 시 식품은 검수대 바닥에서 60cm 이상 높이에서 진행된다.
③ 검수는 식품이 도착하자마자 바로 진행한다.
④ 검수 후 규격에 맞지 않는 식품은 반드시 반품처리한다.

정답 ①

53 병원체가 세균인 전염병은?

① 전염성 간염   ② 백일해
③ 폴리오   ④ 홍역

정답 ①

54 자외선의 인체에 대한 내용 설명으로 틀린 것은?

① 살균작용과 피부암을 유발한다.
② 체내에서 비타민 D를 생성시킨다.
③ 피부결핵이나 관절염에 유해하다.
④ 신진대사 촉진과 적혈구 생성을 촉진시킨다.

정답 ③

55 심한 설사로 인하여 탈수증상을 나타내는 전염병은?

① 콜레라   ② 백일해
③ 결핵   ④ 홍역

정답 ①

56 포자형성균의 멸균에 알맞은 소독법은?

① 자비소독법
② 저온소독법
③ 고압증기멸균법
④ 희석법

정답 ③

57 다음 중 중간숙주가 하나인 기생충은?

① 간디스토마
② 폐디스토마
③ 무구조충
④ 광절열두조충

정답 ③

58 다음은 식품구매의 절차이다. ( ) 안에 들어갈 알맞은 단어는?

> 품목의 종류 및 수량결정-용도에 맞는 제품선택-식품명세서 작성-공급자 선정 및 가격결정- ( )-납품-검수-대금 지불 및 물품 입고- 보관

① 시장조사　　② 재고조사
③ 발주　　　　④ 매출관리

[정답] ③

59 병원체가 인체에 침입한 후 자각적, 타각적 임상증상이 발병할 때까지의 기간은?

① 세대기　　② 이환기
③ 잠복기　　④ 전염기

[정답] ③

[해설] 병원체가 인체에 침입한 후 임상증상이 나타나 발병되는 기간

60 채소류로부터 감염되는 기생충은?

① 동양모양선충, 편충
② 회충, 무구조충
③ 십이지장충, 선모충
④ 요충, 유구조충

[정답] ①

한식기출문제

01 Staphylococcus aureus균이 분비되는 장독소가 원인되는 식중독은?

① 살모넬라 식중독
② 장염비브리오 식중독
③ 병원성대장균 식중독
④ 황색포도상구균 식중독

[정답] ④

[해설] 황색포도상구균은 장독소인 엔테로톡신을 생성해서 구토, 설사, 복통 등의 증상이 나타남

02 개인 위생수칙 중 바른 것은?

① 모든 종업원은 작업장에서 입실 후 지정된 보호구를 착용한다.
② 작업장 내에는 음식물, 담배, 장신구의 반입을 금한다.
③ 급한 연락을 대비하여 핸드폰은 소지한 후 입실한다.
④ 보호구를 착용한 후에는 작업장 내에서 자유롭게 이동할 수 있다.

[정답] ②

[해설] 모든 종사원은 작업장 입실 전 지정된 보호구를 착용하며 핸드폰을 포함한 모든 소지품과 장신구는 금지하고 지정된 장소, 전용통로를 이용한다.

03 자외선 살균기와 거리가 먼 것은?

① 사용법이 간단하다.
② 조사대상물에 거의 변화를 주지 않는다.
③ 잔류효과가 거의 없는 것으로 알려져 있다.
④ 유기물 특히 단백질이 공존 시 효과가 증가한다.

[정답] ④

[해설] 단백질 공존 시 살균효과가 떨어진다.

04 과채류의 품질유지를 위한 피막제로만 사용되는 식품첨가물은?

① 실리콘수지　　② 몰포린지방산염
③ 인산나트륨　　④ 만니톨

[정답] ②

[해설] 피막제는 몰포린지방산염, 초산비닐수지

05 식중독에 관한 설명으로 틀린 것은?

① 자연독이나 유해물질이 함유된 음식물을 섭취함으로써 생긴다.
② 발열, 구토, 설사, 복통 등의 증세가 나타난다.
③ 세균, 곰팡이, 화학물질 등이 원인

물질이다.

④ 대표적인 식중독은 콜레라, 장티푸스, 세균성이질, 장티푸스 등이 있다.

[정답] ④

[해설] 콜레라, 장티푸스. 세균성이질, 장티푸스는 수인성 감염병이지 식중독이 아니다.

06 식품의 부패 정도를 측정하는 지표로 가장 거리가 먼 것은?

① 휘발성 염기질소(VBN)
② 트릴메틸아민(TMA)
③ 수소이온농도(pH)
④ 총질소(TN)

[정답] ④

07 단백질 탈탄산반응에 의해 생성되어 알레르기성 식중독의 원인이 되는 물질은?

① 탄수화물　　② 아민류
③ 지방산　　　④ 알코올

[정답] ②

[해설] 붉은 살 생선의 섭취 시 부패와는 상관없이 발생되는 알레르기성 식중독은 단백질의 탈탄산반응에 의해 생성되는 아민류, 히스타민 등이 원인물질이다.

08 곰팡이독(mycotoxin) 중에서 간장독을 일으키는 독소가 아닌 것은?

① 아이스란디톡신(islanditoxin)
② 시트리닌(citrinin)
③ 아플라톡신(aflatoxin)
④ 루테오스키린(luteoskyrin)

[정답] ②

09 식품위생법상 식품첨가물이 식품에 사용되는 방법이 아닌 것은?

① 침윤　　　　② 반응
③ 첨가　　　　④ 혼입

[정답] ②

[해설] 식품첨가물은 식품을 제조, 가공, 보존함에 있어 식품에 첨가, 혼합, 침윤, 혼입의 방법으로 사용되는 물

10 식품에 존재하는 유기물질을 고온으로 가열할 때 단백질이나 지방이 분해되어 생기는 유기물질은?

① 에틸카바메이트(ethylcarbamate)
② 다환방향족탄화수소(polycyclic aromatic hydrocarbon)
③ 엔-니트로소아민(N-nitrosoamine)
④ 메탄올(methanol)

[정답] ②

[해설] 다환방향족탄화수소는 고기를 구울 때 생기는 물질로 유기물이 불완전 연소되는 과정에서 발생되며 미량으로도 암을 유발한다.

11 식품 등을 제조, 가공하는 영업자가 식품 등이 기준과 규제에 맞는지 자체적으로 검사하는 것을 일컫는 식품위생법상의 용어는?

① 제품검사　　② 자가품질검사
③ 수거검사　　④ 정밀검사

[정답] ②

[해설] 자가품질검사 의무에 따라 식품을 제조, 가공 시 총리령으로 정하는 기준과 규격에 맞는지 영업자가 검사를 한다.

12 다음에서 설명하는 칼질법은 무엇인가?

> • 속도가 빠르고 손목의 스냅을 이용
> • 많은 양을 썰 때 편리
> • 소리가 크고 정교함이 떨어짐

① 밀어썰기　② 후려썰기
③ 당겨썰기　④ 작두썰기

정답 ②

13 식품위생법상 영업 중 "신고를 하여야 하는 변경사항"에 해당되지 않은 것은?

① 식품운반을 하는 자가 냉장, 냉동 차량을 증감하려는 경우
② 식품자동판매기영업을 하는 자가 같은 시, 군, 구에서 식품자동판매기의 설치 대수를 증감하려는 경우
③ 즉석판매제조·가공업을 하는 자가 즉석판매제조, 가공 대상 식품 중 식품의 유형을 달리하여 새로운 식품의 제조, 가공하려는 경우(단, 자가물질검사 대상인 경우)
④ 식품첨가물이나 다른 원료를 사용하지 아니한 농, 임, 수산물 단순가공품의 건조방법을 달리하고자 하는 경우

정답 ④

14 식품공전상 찬 곳이라 함은 따로 규정이 없는 한 몇 도를 의미하는가?

① -48~-20˚C　② -14~-10˚C
③ -5~0˚C　④ 0~15˚C

정답 ④

해설 식품공전상 찬 곳은 0~15˚C를 의미

15 아래는 식품위생법상 교육에 관한 내용이다. ( ) 안에 알맞은 것을 순서대로 나열하면?

> ( )은 식품위생 수준 및 자질의 향상을 위하여 필요한 경우 조리사와 영양사에게 교육을 받을 것을 명할 수 있다. 다만 단체급식소에 종사하는 조리사와 영양사는 ( )마다 교육을 받아야 한다.

① 식품의약품안전처장 1년
② 식품의약품안전처장 2년
③ 보건복지부장관 1년
④ 보건복지부장관 2년

정답 ②

16 탕수육을 만들 때 전분을 물에 풀어서 넣을 때 용액의 성질은?

① 젤(gel)　② 현탁액
③ 유화액　④ 콜로이드 용액

정답 ②

해설 액체 속에 미세한 고체 입자가 분산되어 있는 것을 현탁액이라 한다.

17 산과 당이 존재하며 특정적인 젤(gel)을 형성하는 것은?

① 섬유소(cellulose)
② 펙틴(pectin)
③ 전분(starch)
④ 글리코겐(glycogen)

[정답] ②

18 식혜는 엿기름 중의 어떠한 성분에 의하여 전분의 당화를 일으키게 되는가?

① 지방　　　② 단백질
③ 무기질　　④ 효소

[정답] ④
[해설] 식혜는 아밀라아제라는 효소에 의한 당화현상

19 유지의 산패를 차단하기 위해 상승제(synergist)와 함께 사용하는 물질은?

① 보존제　　② 발색제
③ 항산화제　④ 표백제

[정답] ③

20 안토시안 색소를 함유하는 과일의 붉은색을 보존하려고 할 때 가장 좋은 방법은?

① 식초를 가한다.
② 증조를 가한다.
③ 소금을 가한다.
④ 수산화나트륨을 가한다.

[정답] ①

21 식품의 동결건조에 이용되는 주요 현상은?

① 융화　　　② 기화
③ 승화　　　④ 액화

[정답] ③

[해설] 승화란 고체에서 액체상태를 거치지 않고 기체화하는 현상을 말한다.

22 버터의 수분함량이 23%라면, 버터 20g은 몇 칼로리(kcal) 정도의 열량을 내는가?

① 61.6kcal　　② 138.6kcal
③ 153.6kcal　④ 180.0kcal

[정답] ②
[해설] 버터 수분함량이 23%이면
지방함량은 77%
20g×0.77=15.4
지방 1g당 9kcal이므로
15.4kcal × 9kcal = 138.6kcal

23 식품의 응고제로 쓰이는 수산물 가공품은?

① 젤라틴
② 셀룰로오스
③ 한천
④ 펙틴

[정답] ③

24 시장조사의 원칙이 아닌 것은?

① 비용 경제성의 원칙
② 조사 적시성의 원칙
③ 조사 탄력성의 원칙
④ 조사 개량성의 원칙

[정답] ④

25 식물의 수분활성도를 올바르게 설명한 것은?

① 임의의 온도에서 식품이 나타내는 수증기압에 대한 같은 온도에 있어서 순수한 물의 수증기압의 비율
② 임의의 온도에서 식품이 나타내는 수증기압
③ 임의의 온도에서 식품의 수분함량
④ 임의의 온도에서 식품과 물량의 순수한 물의 최대 수증기압

정답 ①

26 숙채조리 조리법이 아닌 것은 무엇인가?

① 끓이기와 삶기(습열조리)
② 튀기기(건열조리)
③ 찌기(습열조리)
④ 볶기(건열조리)

정답 ②

27 다음 중 구이조리 방법이 아닌 것은?

① 그리들링(gridling)
② 그릴링(grilling)
③ 브로일링(broilling)
④ 딥팻프라잉(deep fat frying)

정답 ④

28 김치류의 신맛 성분이 아닌 것은?

① 초산(accetic acid)
② 호박산(succinic acid)
③ 젖산(lactic acid)

④ 수산(oxalic acid)

정답 ④

해설 수산은 시금치에 많이 함유되어 있고 무색이다.

29 아미노 카르보닐 반응에 대한 설명 중 틀린 것은?

① 마이야르 반응(Maillard reaction)이라고도 한다.
② 당의 카르보닐 화합물과 단백질 등의 아미노기가 관여하는 반응이다.
③ 갈색 색소인 캐러멜을 형성하는 반응이다.
④ 비효소적 갈색반응이다.

정답 ③

30 우유의 가공품이 아닌 것은?

① 마요네즈 ② 버터
③ 아이스크림 ④ 치즈

정답 ①

해설 마요네즈는 달걀의 가공품으로 난황에 유지를 첨가하여 만든 유화식품

31 콩밥은 쌀밥에 비하여 특히 어떤 영양소의 보완에 좋은가?

① 단백질 ② 당질
③ 지방 ④ 비타민

정답 ①

32 버터 대용품으로 생산되고 있는 식물성 유지는?

① 쇼트닝   ② 마가린
③ 마요네즈   ④ 땅콩버터

[정답] ②

[해설] 마가린은 버터 대용품으로 식물성 유지를 수소로 경화시켜 만든다.

33 식단 작성 시 필요한 사항과 거리가 먼 것은?

① 식품의 구입방법
② 영양 기준량 산출
③ 3식 영양량 배분 결정
④ 음식수의 계획

[정답] ①

[해설] 식단 작성 시 영양 기준량 산출, 섭취기준량 산출, 3식 배분, 가지수와 요리명 결정, 식단의 주기 결정, 식단표작성 배분계획 등이 필요

34 생선을 후라이팬이나 석쇠에 구울 때 들러붙지 않도록 하는 방법으로 옳지 않은 것은?

① 낮은 온도에서 서서히 굽는다.
② 기구의 금속면을 테프론(teflon)으로 처리한다.
③ 기구의 표면에 기름을 칠하여 막을 만들어준다.
④ 기구를 먼저 달구어 사용한다.

[정답] ①

[해설] 낮은 온도에서 굽기를 하면 단백질이 용출되어 더 달라붙게 된다.

35 매운맛을 내는 성분의 연결이 옳은 것은?

① 겨자-캡사이신(capsaicin)
② 생강-호박산(succinic acid)
③ 마늘-알리신(allicin)
④ 고추-진저롤(gingerol)

[정답] ③

[해설] 겨자는 시니그린, 생강은 진저롤, 고추는 캡사이신

36 펙틴과 산이 적어 잼 제조에 가장 부적합한 과일은?

① 사과   ② 배
③ 포도   ④ 딸기

[정답] ②

[해설] 배는 펙틴함량이 적어 잼 제조에 적합하지 않음

37 나무 등을 태운 연기에 훈연한 육가공품이 아닌 것은?

① 육포   ② 베이컨
③ 햄   ④ 소시지

[정답] ①

[해설] 육포는 건조법

38 다음 중 유화의 형태가 나머지 셋과 다른 것은?

① 우유   ② 버터
③ 아이스크림   ④ 마요네즈

[정답] ②

39 조리대 배치형태 중 환풍기와 후드의 수를 최소화할 수 있는 것은?

① 일렬형   ② 병렬형
③ ㄷ자형   ④ 아일랜드형

정답 ④

해설 독립형태인 아일랜드형은 조리기구를 한데 모아두었기에 환기장치를 최소화할 수 있다.

40 서양요리 조리방법 중 건열조리와 거리가 먼 것은?

① 브로일링(broiling)
② 로스팅(roasting)
③ 팬후라잉(fan-frying)
④ 시머링(simmering)

정답 ④

해설 시머링-은근히 끓이기

41 조림 조리 시 조미료를 넣는 순서로 바른 것은?

① 간장 → 소금 → 설탕 → 식초
② 간장 → 설탕 → 소금 → 식초
③ 소금 → 설탕 → 간장 → 식초
④ 설탕 → 소금 → 간장 → 식초

정답 ④

42 두부를 만드는 과정은 콩 단백질의 어떠한 성질을 이용한 것인가?

① 건조에 의한 변성
② 동결에 의한 변성
③ 효소의 의한 변성
④ 무기염류에 의한 변성

정답 ④

해설 콩 단백질 글리시닌은 염화마그네슘, 염화칼슘, 황산칼슘 등 무기염류에 응고되어 두부로 만들어진다.

43 원가의 구성비로 옳은 것은?

① 판매가격 = 이익 + 제조원가
② 제조원가 = 직접재료비 + 직접노무비 +직접경비
③ 총원가 = 제조간접비 + 직접원가
④ 제조원가 = 판매경비 + 일반관리비 + 제조간접비

정답 ②

해설 ① 직접원가 = 직접경비 + 직접노무비 + 직접재료비
② 제조원가 = 제조원가 + 제조간접비
③ 총원가 = 직접원가 + 판매관리비
④ 판매가격 = 이익 + 총원가

44 김치 저장 중 김치조직이 연부현상이 일어났다. 그 이유에 대한 설명으로 가장 거리가 먼 것은?

① 조직을 구성하고 있는 펙틴질이 분해되었기 때문에
② 미생물이 펙틴분해 효소를 생성하기 때문에
③ 용기에 꼭 눌러 담지 않아 내부에 공기가 존재하여 호기성 미생물이 성장번식하기 때문에
④ 김치가 국물에 잠겨 수분을 흡수하기 때문에

정답 ④

연부현상이란 김치가 물러지는 현상을 말하고 김칫국에 잠겨 흡수되는 현상과는 연관성이 없다.

45 다음은 간장의 재고 대상이다. 간장의 재고가 10병일 때 선입선출법에 의한 간장의 재고자산은 얼마인가?

입고일자	수량	단가
5일	5병	3500
12일	10병	3500
20일	7병	3000
27일	5병	3500

① 30,000원 ② 31,500원
③ 32,500원 ④ 35,000원

정답 ③

해설 먼저 들어온 것을 먼저 사용하는 것을 선입선출법
27일 5병×3,500원=17,500원
20일 5병×3,000원=15,000원
총=32,500원

46 아이스크림을 만들 때 굵은 얼음 결정이 형성되는 것을 막아 부드러운 질감을 갖게 하는 것은?

① 설탕 ② 달걀
③ 젤라틴 ④ 지방

정답 ③

47 셀프서비스(self service) 배식형태로 가장 거리가 먼 것은?

① 카페테리아(cafeteria)
② 자동판매기(vending machine)
③ 카운터 서비스(counter service)
④ 뷔페 서비스(buffet service)

정답 ③

48 칼슘의 흡수를 방해하는 인자는?

① 유당 ② 단백질
③ 비타민 C ④ 옥살산

정답 ④

해설 옥살산(주석)은 칼슘흡수를 방해하고 칼슘과 결합하여 결석을 형성

49 달걀의 응고성을 이용한 것은?

① 마요네즈
② 엔젤 케이크
③ 커스터드
④ 스펀지 케이크

정답 ③

해설 달걀의 응고성-커스터드
흰자의 기포성-케이크

50 흰색 채소의 경우 흰색을 그대로 유지할 수 있는 방법으로 옳은 것은?

① 채소를 데친 후 곧바로 찬물에 담가둔다.
② 약간의 식초를 넣어 삶는다.
③ 채소를 물에 담가두었다가 삶는다.
④ 약간의 중조를 넣어 삶는다.

정답 ②

해설 플라보노이드계 색소는 산성에서 흰색을 띠므로 식초를 넣어 삶는다.

51 순화독소[toxoid]를 사용하는 예방접종으로 면역되는 질병은?

① 파상풍 ② 콜레라
③ 폴리오 ④ 백일해

정답 ①

해설 사균 백신 - 콜레라, 백일해
생균백신 - 폴리오

52 환경위생을 철저히 함으로써 예방 가능한 감염병은?

① 콜레라 ② 풍진
③ 백일해 ④ 홍역

정답 ①

53 전을 부칠 때 사용하는 기름으로 적절한 것은?

① 들기름 ② 올리브유
③ 버터   ④ 콩기름

정답 ④

54 바다에서 잡히는 어류를 먹고 기생충증에 걸렸다면 이와 가장 관계 깊은 기생충은?

① 아나사키스충 ② 유구조충
③ 동양모양선충 ④ 선모충

정답 ①

해설 아나사키스충-어패류, 유구조충-돼지고기
동양모양선충-초식 · 포유동물, 선모충-
야생동물

55 수질검사에서 과망간산칼륨($KMnO_4$)의 소비량이 의미하는 것은?

① 유기물의 양 ② 탁도
③ 대장균의 양 ④ 색도

정답 ①

해설 과망간산칼륨을 물속에 넣어 소비량을 측정하여 유기물의 오염도를 산출해 낸다.

56 병원체가 바이러스인 질병은?

① 장티푸스   ② 결핵
③ 유행성 간염 ④ 발진열

정답 ③

해설 유행성 간염은 병원체가 소화기계에 침입한 바이러스이다.

57 생활쓰레기 소각 시 나오는 유해물질은?

① 다이옥신   ② 메탄올
③ 일산화탄소 ④ 메탄가스

정답 ①

58 고추장으로 조미한 찌개의 명칭은 무엇인가?

① 지짐 ② 감정
③ 응이 ④ 조치

정답 ②

59 카드뮴 만성중독의 주요 3대 증상이
아닌 것은 ?

① 빈혈
② 폐기종
③ 신장 기능장애
④ 단백뇨

정답 ①

60 다음 중 미역냉국, 오이냉국, 근대국,
깻국, 삼계탕, 용봉탕, 육개장 등은 어
느 계절에 먹는 국인가?

① 봄　　　　　② 여름
③ 가을　　　　④ 겨울

정답 ②

한식기출문제

01 우리나라에서 허가된 발색제가 아닌 것은?

① 아질산나트륨
② 황산제일철
③ 질산칼륨
④ 아질산칼륨

[정답] ④

[해설] 아질산나트륨은 국내 육류 발색제로 허가된 상태

02 다환방향족탄산수소이며, 훈제육이나 태운 고기에서 다량 검출되는 발암작용을 일으키는 것은?

① 질산염
② 알코올
③ 벤조피렌
④ 포름알데히드

[정답] ③

03 주류 발효 시 생성되는 메탄올의 가장 심각한 중독 증상은?

① 구토
② 경기
③ 실명
④ 환각

[정답] ③

[해설] 메탄올은 메틸알코올이며 발효 시 펙틴이 존재할 때 생성되는 물질. 구토, 복통, 설사를 유발하며 심하면 실명됨

04 식품의 변질현상에 대한 설명 중 틀린 것은?

① 통조림 식품의 부패에 관여하는 세균에는 내열성인 것이 많다.
② 우유의 부패 시 세균류가 관계하여 적변을 일으키기도 한다.
③ 식품의 부패에는 대부분 한 종류의 세균이 관계한다.
④ 가금육은 주로 저온성 세균이 주된 부패균이다.

[정답] ③

[해설] 식품의 부패에 관계하는 세균의 종류는 매우 다양하다.

05 개인복장 착용기준 중 연결이 바르지 않은 것은?

① 두발 - 항상 단정하게 묶어 뒤로 넘기고 두건 안으로 넣는다.
② 화장 - 진한 화장이나 향수 등을 쓰지 않는다.

③ 유니폼 - 세탁된 청결한 유니폼을 착용한다.

④ 장신구 - 귀걸이, 목걸이, 반지 등의 착용을 금하고 손목시계는 시간을 확인하기 위해 착용 가능하다.

[정답] ④

[해설] 손목시계를 포함한 모든 개인용품은 작업장 입실 전 반입을 금지한다.

06 독소형 세균성 식중독으로 짝지어진 것은?

① 살모넬라 식중독, 장염비브리오 식중독

② 리스테리아 식중독, 복어독 식중독

③ 황색포도상구균 식중독, 클로스트리디움 보툴리늄균 식중독

④ 맥각독 식중독, 콜레라균 식중독

[정답] ③

[해설] 독소형 식중독은 황색포도상구균 식중독, 클로스트리디움 보툴리늄균 식중독이다.

07 복어독 중독의 치료법으로 적합하지 않은 것은?

① 호흡촉진제 투여

② 진통제투여

③ 위세척

④ 최토제투여

[정답] ②

[해설] 복어독 중독 시 호흡촉진제 투여, 위세척, 최토제투여 등으로 치료한다.

08 식품취급자의 화종성 질환에 의해 감염되는 식중독은?

① 살모넬라 식중독

② 황색포도상구균 식중독

③ 장염비브리오 식중독

④ 병원성대장균 식중독

[정답] ②

[해설] 황색포도상구균 식중독은 화농성질환, 균에 오염된 유가공품에서 감염된다.

09 과실류, 채소류 등 식품의 살균목적으로 사용되는 것은?

① 초산비닐수지(polyvinyl acetate)

② 이산화염소(chlorine dioxide)

③ 규소수지(silicone resin)

④ 차아염소산나트륨(sodiumhypochlo-rite)

[정답] ④

[해설] 차아염소산나트륨(sodium hypochlo-rite)은 과일, 채소, 식기, 음료수 등의 소독에 사용된다.

10 다음 중 내인성 위해 식품은?

① 지나치게 구운 생선

② 푸른곰팡이에 오염된 쌀

③ 싹이 튼 감자

④ 농약을 뿌린 채소

[정답] ③

[해설] 내인성 : 생물체 조직 또는 세포 내에서 유래된 물질을 일컫는다.

11 식품위생법상 허위표시, 과대광고의 범위에 해당되지 않은 것은?

① 국내산을 주된 원료로 하여 제조, 가공한 메주, 된장, 고추장에 대하여 식품영양학적으로 공인된 사실이라고 식품의약품안전처장이 안전하다고 표시, 광고

② 질병치료에 효능이 있다는 내용의 표시, 광고

③ 외국인이 제휴한 것으로 혼동할 우려가 있는 내용의 표시, 광고

④ 화학적 합성품의 경우 그원료의 명칭 등을 사용하여 화학적 합성품이 아닌 것으로 혼돈할 우려가 있는 광고

정답 ①

12 다음 중 썰기의 목적이 아닌 것은?

① 식품의 영양성을 높여준다.

② 식재료의 표면적을 증가시켜 열전달이 용이하게 한다.

③ 먹지 못하는 부분을 없애고 소화가 잘되게 한다.

④ 조미료의 침투를 좋게 한다.

정답 ①

해설 썰기의 목적은 모양과 크기의 조절로 조리하기 쉽게 하고, 먹지 못하는 부분을 없애고 소화를 잘되게 하며 조미료 침투를 용이하게 한다.

13 식품위생법상에서 정의하는 "집단급식소"에 대한 정의로 옳은 것은?

① 영리를 목적으로 하는 모든 급식시설을 일컫는 용어이다.

② 영리를 목적으로 하지 않고 비정기적으로 1개월 1회씩 음식물을 공급하는 급식시설도 포함된다.

③ 영리를 목적으로 하지 아니하면서 특정 다수인에게 계속하여 음식을 공급하는 급식시설을 말한다.

④ 영리를 목적으로 하지 않고 계속적으로 불특정 다수인에게 음식물을 공급하는 급식시설을 말한다.

정답 ③

14 식품위생법상 식품위생감시원의 직무가 아닌 것은?

① 영업점을 폐쇄하기 위한 간판 제거 등의 조치

② 영업의 건전한 발전과 공동의 이익을 도모하는 조치

③ 영업자 및 종사원의 건강진단 및 위생교육의 이행 여부의 확인, 지도

④ 조리사 및 영양사의 법령 준수사항 이행여부 확인, 지도

정답 ②

15 식품위생법상 영업신고를 하지 않는 업종은?

① 즉석판매제조, 가공업

② 양곡관리법에 따른 양곡가공업 중 도정업

③ 식품운반업

④ 식품소분, 판매업

정답 ②

해설 양곡관리법에 따른 양곡가공업 중 도정업은 식품위생법상 영업신고를 하지 않는 업종이다.

16 마이야르(Maillard)반응에 영향을 주는 인자가 아닌 것은?

① 수분   ② 온도
③ 당의 종류   ④ 효소

정답 ④

해설 마이야르(Maillard)반응 : 아미노산과 환원당 사이의 화학적 반응, 조리과정 중 갈색으로 변화되어 특별한 풍미가 나타나는 일련의 화학적 반응

17 다음 중 쌀 가공품이 아닌 것은?

① 현미   ② 강화미
③ 팽화미   ④ a-화미

정답 ①

해설 도정 시 왕겨층을 벗겨낸 것이 현미이다.

18 다음 중 음식을 담을 때 주의할 점이 아닌 것은?

① 접시의 내원을 벗어나지 않게 담는다.
② 소스 사용 시 음식이 흐트러지지 않게 담는다.
③ 고명을 보기 좋게 과하게 올리고, 투박하게 담는다.
④ 획일적이지 않으면서 질서와 간격을 두고 담는다.

정답 ③

해설 과한 고명은 피하고 깔끔하게 담는다.

19 채소와 과일의 가스저장(CA저장) 시 필수 요건이 아닌 것은?

① pH조절
② 기체의 조절
③ 냉장온도 유지
④ 습도 유지

정답 ①

해설 채소와 과일의 가스저장(CA저장) 시 기체의 조절, 냉장온도 유지, 습도 유지가 필수요건이다.

20 단백질에 관한 다음 설명 중 옳은 것은?

① 인단백질은 단순단백질에 인산이 결합한 단백질이다.
② 지단백질은 단순단백질에 당이 결합한 단백질이다.
③ 당단백질은 단순단백질에 지방이 결합한 단백질이다.
④ 핵단백질은 단순단백질 또는 복합단백질이 화학적 또는 산소에 의해 변화된 단백질이다.

정답 ①

21 한천의 용도가 아닌 것은?

① 훈연제품의 산화방지제
② 푸딩, 양갱 등의 젤화제
③ 유제품, 청량음료 등의 안정제
④ 곰팡이, 세균 등의 배지

정답 ①

22 식품의 수분활성도(Aw)에 대한 설명으로 틀린 것은?

① 식품이 나타내는 수증기압과 순수한 물의 수증기압의 비를 말한다.
② 일반적인 식품의 Aw 값이 1보다 크다.
③ Aw의 값이 작을수록 미생물의 이용이 쉽지 않다.
④ 어패류의 Aw는 0.99~0.98 정도이다.

정답 ②

해설 일반적인 식품의 Aw 값이 1보다 적다.

23 장시간 식품보존방법과 가장 관계가 먼 것은?

① 배건법
② 염장법
③ 산저장법(초지법)
④ 냉장법

정답 ④

해설 장기간 식품 보존방법 : 배건법, 당장법, 염장법, 산저장법

24 대표적인 콩 단백질인 글로불린(glo-bulin)이 가장 많이 함유하고 있는 성분은?

① 글리시닌(glycinin)
② 알부민(albumin)
③ 글루텐(gluten)
④ 제인(zein)

정답 ①

해설 글리시닌은 글로불린의 성분으로 콩 단백질의 일종이다.

25 라면류, 건빵류, 비스킷류 등은 상온에서 비교적 장시간 저장해 두어도 노화가 잘 일어나지 않는다. 주된 이유는?

① 낮은 수분함량
② 낮은 pH
③ 높은 수분함량
④ 높은 pH

정답 ①

26 식중독 환자를 진단한 의사 또는 한의사가 지체 없이 보고해야 하는 대상은?

① 관할 특별자치시장, 시장, 군수, 구청장
② 관할 보건소장
③ 식품의약품안전처장
④ 보건복지부장관

정답 ①

27 유지의 발연점에 영향을 주는 인자와 거리가 먼 것은?

① 용해도
② 유리지방산의 함량
③ 노출된 유지의 표면적
④ 불순물의 함량

정답 ①

28 다음 당류 중 단맛이 가장 약한 것은?

① 포도당 ② 과당
③ 맥아당 ④ 설탕

정답 ③

29 다음 중 소고기의 성분 중 일반적으로 살코기에 비해 간이나 내장에 특히 더 많은 것은?

① 비타민 A, 무기질
② 단백질, 전분
③ 섬유소, 비타민 C
④ 전분, 비타민 A

정답 ①

30 오징어 먹물색소의 주 색소는?

① 안토잔틴
② 클로로필
③ 유멜라닌
④ 플라보노이드

정답 ③

해설 오징어 색소는 유멜라닌이 주 색소이며 흑색을 띠는 멜라닌의 종류이다.

31 급식인원이 1000명인 단체급식소에서 1인당 60g의 풋고추조림을 주려고 한다. 발주할 풋고추의 양은?(단, 풋고추의 폐기율은 9%이다.)

① 55kg   ② 60kg
③ 66kg   ④ 68kg

정답 ③

해설 총 발주량 = 정미중량/100-폐기율 ×100 × 인원수
60/100 − 9 × 100 × 1000 = 65.934,
≒ 66kg

32 단체급식이 갖는 운영상의 문제점이 아닌 것은?

① 단시간 내에 다량의 음식조리
② 식중독 등 대형 위생사고
③ 대량구매로 인한 재고관리
④ 적온 급식의 어려움으로 음식의 맛 저하

정답 ③

해설 단시간 내에 다량의 음식조리, 식중독 등 대형 위생사고, 적온 급식의 어려움으로 음식의 맛 저하는 단체급식이 갖는 운영상의 어려움이다.

33 완두콩을 조리할 때 정량의 황산구리를 첨가하면 특히 어떤 효과가 있는가?

① 비타민이 보강된다.
② 무기질이 보강된다.
③ 냄새를 보유할 수 있다.
④ 녹색을 보유할 수 있다.

정답 ④

해설 황산구리는 식품가공 시 녹색을 유지시킨다.

34 신선한 달걀의 감별법 중 틀린 것은?

① 햇빛(전등)에 비출 때 공기집의 크기가 작다.
② 흔들 때 내용물이 흔들리지 않는다.
③ 6% 소금물에 넣어서 떠오른다.
④ 깨뜨려 접시에 놓으면 노른자가 볼록하고 흰자 점도가 높다.

정답 ③

해설 기실이 적으며, 6% 소금물에 넣었을 때 떠오르지 않아야 한다.

35 다음 중 계량방법이 올바른 것은?

① 마가린을 잴 때는 실온일 때 계량컵에 꼭꼭 눌러 담고, 직선으로 된 칼이나 spatula로 깎아 계량한다.

② 밀가루를 잴 때는 측정 직전에 체로 친 뒤 눌러서 담아 spatula로 깎아 측정한다.

③ 흑설탕을 잴 때 체로 친 뒤 누르지 않고 가만히 수북하게 담고 직선 spatula로 깎아 측정한다.

④ 쇼트닝을 계량할 때는 냉장온도에서 계량컵에 꼭 눌러 담은 뒤, 직선 spatula로 깎아 측정한다.

정답 ①

해설 밀가루는 측정 직전에 체로 친 뒤 누르지 말고 담아 직선 spatula로 깎아 측정하고, 흑설탕은 꼭꼭 눌러 담은 뒤 spatula로 깎아 측정한다.

36 육류, 생선류, 알류 및 콩류에 함유된 주된 영양소는?

① 단백질　　② 탄수화물
③ 지방　　　④ 비타민

정답 ①

37 복숭아씨, 호두, 잣, 깨, 살구씨 등 다섯 가지 씨앗으로 만든 죽을 무엇이라 하는가?

① 행인죽　　② 타락죽
③ 오자죽　　④ 낙화생죽

정답 ③

38 난백으로 거품을 만들 때의 설명으로 옳은 것은?

① 레몬즙을 1~2방울 떨어뜨리면 거품 형성을 용이하게 한다.

② 지방은 거품 형성을 용이하게 한다.

③ 난백에 소금을 처음부터 첨가하면 거품의 안전성에 도움을 준다.

④ 묽은 달걀보다 신선란이 거품 형성을 용이하게 한다.

정답 ①

해설 난백에 산(레몬즙)을 넣으면 기포 형성에 도움을 준다.

39 다음 중 간장의 지미성분은?

① 포도당(glucose)
② 전분(starch)
③ 글루탐산(glutamic acid)
④ 아스코르브산(ascorbic acid)

정답 ③

해설 간장의 지미(맛난)성분은 글루탐산이다.

40 홍조류에 속하며 무기질이 골고루 함유되어 있고 단백질도 많이 함유된 해조류는?

① 김　　　　② 미역
③ 파래　　　④ 다시마

정답 ①

해설 홍조류에 속하는 해조류는 김, 우뭇가사리 등이다.

41 식품의 구매 방법으로 필요한 품목, 수량을 표시하여 업자에게 견적서를 제출받고 품질이나 가격을 검토한 후 낙찰자를 정하여 계약을 체결하는 것은?

① 수의계약　② 경쟁입찰
③ 대량구매　④ 계약구매

정답 ②

42 떡의 노화를 방지할 수 있는 방법이 아닌 것은?

① 찹쌀가루 함량을 높인다.
② 설탕의 첨가량을 늘린다.
③ 급속 냉동시켜 보관한다.
④ 수분함량을 30~60%로 유지한다.

정답 ④

해설 떡의 노화 방지 방법은 찹쌀가루 함량을 높이고, 설탕의 다량 첨가, 0°C 급속 냉동시키거나 80°C 이상으로 급속히 건조하기, 수분함량을 15% 이하로 유지하기, 환원제나 유화제 첨가하기 등이다.

43 우유에 산을 넣으면 응고물이 생기는데 이 응고물의 주체는?

① 유당　② 레닌
③ 카세인　④ 유지방

정답 ③

해설 우유에 산을 넣으면 카세인 단백질이 생긴다.

44 볶음 조리도구 중 적당한 것은 무엇인가?

① 스테인리스 젓가락
② 나무주걱
③ 계량스푼
④ 냄비

정답 ②

45 육류 조리과정 중 색소의 변화 단계가 바르게 연결된 것은?

① 미오글로빈-메트미오글로빈-옥시미오글로빈-헤마틴
② 메트미오글로빈-옥시미오글로빈-미오글로빈-헤마틴
③ 미오글로빈-옥시미오글로빈-메트미오글로빈-헤마틴
④ 옥시미오글로빈-메트미오글로빈-미오글로빈-헤마틴

정답 ③

해설 미오글로빈이 산소와 접촉하면 옥시미오글로빈으로 변하고 가열하면 메트미오글로빈으로 변화되는 조리과정에서의 색소 변화를 거치게 된다.

46 머랭을 만들고자 할 때 설탕 첨가는 어느 단계에서 하는 것이 가장 효과적인가?

① 처음 젓기 시작할 때
② 거품이 생기려고 할 때
③ 충분히 거품이 생겼을 때
④ 거품이 없어졌을 때

정답 ③

해설 머랭 작업에서 거품이 일어나기 전에 설탕을 넣으면 거품이 일어나는 것을 방해한다.

47 마요네즈를 만들 때 기름의 분리를 막아주는 것은?

① 난황 　　② 난백
③ 소금 　　④ 식초

정답 ①

해설 난황의 레시틴은 천연유화제로서 물과 기름의 분리를 막아주는 역할을 한다.

48 고체화한 지방을 여과 처리하는 방법으로 샐러드유 제조 시 이용되며, 유화상태를 유지하기 위한 가공 처리방법은?

① 용출처리 　　② 동유처리
③ 정제처리 　　④ 경화처리

정답 ②

해설 동유처리 : 고체화한 지방을 여과 처리하는 방법으로 샐러드유 제조 시 이용되며, 유화상태를 유지하기 위한 가공 처리방법이다.

49 분말소화기(축압식)의 압력게이지 바늘이 무슨 색 위치에 있어야 정상압력인가?

① 노란색 　　② 빨간색
③ 흰색 　　④ 초록색

정답 ④

50 다음 중 돼지고기에만 존재하는 부위명은?

① 사태살 　　② 갈매기살
③ 채끝살 　　④ 안심살

정답 ②

51 상수도와 관련된 보건 문제가 아닌 것은?

① 수도열 　　② 반상치
③ 레이노드병 　　④ 수인성 감염병

정답 ③

해설 레이노드병은 진동과 관련된 직업병이다.

52 규폐증과 관계가 먼 것은?

① 유리규산 　　② 암석가공업
③ 골연화증 　　④ 폐조직의 섬유화

정답 ③

해설 규폐증은 유리규산에 의해 발병되며 암석가공업 종사자들에게 주로 나타나는 폐조직의 섬유화증이다.

53 감염병 관리상 환자의 격리를 요하지 않은 것은?

① 콜레라 　　② 디프테리아
③ 파상풍 　　④ 장티푸스

정답 ③

54 ( ) 안에 차례대로 들어갈 알맞은 내용은?

> 생물화학적 산소요구량(BOD)은 일반적으로 ( )을 ( )에서 ( )간 안정화시키는 데 소비한 산소량을 말한다.

① 무기물질, 15°C, 5일
② 무기물질, 15°C, 7일
③ 유기물질, 20°C, 5일
④ 유기물질, 20°C, 7일

정답 ③

55 실내공기의 오염 지표로 사용되는 것은?

① 일산화탄소　② 이산화탄소

③ 질소　　　　④ 오존

정답 ②

56 수인성 감염병의 특징을 설명한 것 중 틀린 것은?

① 단시간에 다수의 환자가 발생한다.

② 환자의 발생이 그 급수지역과 관계가 있다.

③ 발생률이 남녀노소, 성별, 연령별로 차이가 크다.

④ 콜레라, 장티푸스, 파라티푸스 등이 있다.

정답 ③

해설 발생률이 남녀노소, 성별, 연령별로 차이가 없으며 이질도 해당된다.

57 기생충과 인체감염원인 식품의 연결이 틀린 것은?

① 유구조충-돼지고기

② 무구조충-쇠고기

③ 동양모양선충-민물고기

④ 아나사키스-바다생선

정답 ③

해설 동양모양선충은 절임채소류에서 많이 발견된다.

58 감염병 발병 3대 요인이 아닌 것은?

① 예방접종　② 환경

③ 숙주　　　④ 병인

정답 ①

59 기생충에 오염된 논, 밭에서 맨발로 작업할 때 감염될 수 있는 가능성이 가장 높은 것은?

① 간흡충　　② 폐흡충

③ 구충　　　④ 광절열두조충

정답 ③

해설 구충은 경피침입이 가능한 기생충이다.

60 4대 온열 요소에 속하지 않은 것은?

① 기류　　② 기압

③ 기습　　④ 복사열

정답 ②

01 육류의 부패과정에서 pH가 약간 저하되었다가 다시 상승하는 데 관계하는 것은?

① 암모니아　　② 비타민
③ 글리코겐　　④ 지방

[정답] ①
[해설] 육류의 부패는 미생물에 의해 생겨나며 암모니아, 인돌, 페놀, 황화수소 등이 형성됨

02 히스타민 함량이 많아 알르레기성 식중독을 일으키기 쉬운 어육은?

① 넙치　　　　② 대구
③ 가다랑어　　④ 도미

[정답] ③

03 빵을 비롯한 밀가루제품에서 밀가루를 부풀게 하여 적당한 형태를 갖추게 하기 위해 사용되는 첨가물은?

① 팽창제
② 유화제
③ 피막제
④ 산화지방제

[정답] ①

04 황색포도상구균에 의한 독소형 식중독과 관계되는 독소는?

① 장독소　　　② 간독소
③ 혈독소　　　④ 암독소

[정답] ①
[해설] 포도상구균은 증식하여 엔테로톡신(장독소)을 생성한다.

05 곰팡이에 의해 생성되는 독소가 아닌 것은?

① 아플라톡신　② 시트리닌
③ 엔테로톡신　④ 파툴린

[정답] ③

06 열경화 합성수지제 용기의 용출시험에서 가장 문제가 되는 유독물질은?

① 메탄올
② 아질산염
③ 포름알데히드
④ 연단

[정답] ③
[해설] 포름알데히드 : 자극성이 강한 냄새와 인체에 대한 독성이 매우 강함

07 동물성 식품에서 유래하는 식중독 유발 유독 성분은?

① 야마니타톡신 ② 솔라닌
③ 베네루핀 ④ 시큐톡신

[정답] ③

[해설] 베네루핀 : 모시조개, 바지락, 굴 등에 들어 있는 유독 성분으로 동물성 식품에서 유래하는 식중독을 유발한다.

08 사용목적별 식품첨가물의 연결이 틀린 것은?

① 착색료- 철클로로필린나트륨
② 소포제- 초산비닐수지
③ 표백제- 메타중아황산칼륨
④ 감미료- 사카린나트륨

[정답] ②

[해설] 소포제 : 규산수지

09 식품취급자가 손을 씻는 방법으로 적합하지 않은 것은?

① 살균효과를 증대시키기 위해 역성비누액에 일반 비누액을 섞어 사용한다.
② 팔에서 손으로 씻어 내려간다.
③ 손을 씻은 후 비눗물을 흐르는 물에 충분히 씻는다.
④ 역성비누원액을 몇 방울 손에 받아 30초 이상 문지르고 흐르는 물에 씻는다.

[정답] ①

10 노로바이러스로 인한 식중독을 예방하기 위한 방법으로 적합하지 않은 것은?

① 식중독 환자가 발생한 경우에는 2차 감염 및 확산 방지를 위하여 환자의 분변, 구토물, 화장실, 의류, 식기 등은 염소 또는 열탕 소독하여야 한다.
② 지하수는 조리에 절대 사용을 금하며, 식기와 조리기구 세척에만 사용한다.
③ 음식물은 85°C에서 1분 이상 가열, 조리하고 조리한 음식은 맨손으로 만지지 않는다.
④ 가열하지 않은 조개, 굴 등의 섭취는 자제하여야 한다.

[정답] ②

[해설] 노러바이러스는 오염된 지하수, 해수 등이 채소, 과일류, 패류, 해조류 등을 오염시켜 음식으로 감염될 수 있다.

11 식품 등의 표시기준에 의해 표시해야 하는 대상 성분이 아닌 것은?

① 나트륨 ② 지방
③ 열량 ④ 칼슘

[정답] ④

[해설] 식품표시대상 : 열량, 탄수화물, 당류, 단백질, 지방, 콜레스테롤, 나트륨

12 위생관리의 필요성과 관련이 없는 것은?

① 식중독사고의 예방
② 식품위생법 및 행정처분을 강화
③ 점포의 이미지 개선
④ 질병치료

[정답] ④

해설 위생관리 : 위생사고 예방, 위생법 및 행정처분 강화, 상품의 가치 상승, 이미지 개선, 고객만족, 브랜드 이미지 관리 등

13 식품공정상 표준온도라 함은 몇 °C 인가?

① 5°C   ② 10°C

③ 15°C   ④ 20°C

정답 ④

해설 식품공정상 : 표준온도(20°C), 상온(15~25°C), 실온(1~35°C), 미온(30~40°C)

14 다음 영업 중 식품접객업이 아닌 것은?

① 보건복지부령이 정하는 식품을 제조, 가공 업소 내에서 직접 최종소비자에게 판매하는 영업

② 음식류를 조리, 판매하는 영업으로서 식사와 함께 부수적으로 음주행위가 허용되는 영업

③ 집단급식소를 설치, 운영하는 자와의 계약에 의하여 그 집단급식소 내에서 음식물류를 조리하여 제공하는 영업

④ 주로 주류를 판매하는 영업으로 유흥종사자를 두거나 유흥시설을 설치할 수 있고 노래를 부르거나 춤을 추는 행위가 허용되는 영업

정답 ①

해설 즉석판매 제조, 가공업 : 보건복지부령이 정하는 식품을 제조, 가공업소 내에서 직접 최종소비자에게 판매하는 영업을 말함

15 식품위생법상 조리사가 면허취소 처분을 받은 경우 반납해야 할 기간은?

① 지체없이   ② 5일

③ 7일   ④ 15일

정답 ①

16 필수아미노산만으로 짝지어진 것은?

① 트립토판, 메티오닌

② 트립토판, 글리신

③ 라이신, 글루타민산

④ 루신, 알라닌

정답 ①

해설 필수아미노산 : 트레오닌, 발린, 메티오닌, 히스티딘, 류신(루신), 이소류신, 아르기닌, 리신, 트립토판, 페닐알라닌

17 과실 주스에 설탕을 섞은 농축액 음료수는?

① 탄산음료   ② 스쿼시

③ 시럽   ④ 젤리

정답 ②

18 신선한 생육의 환원형 미오글로빈이 공기와 접촉하면 분자상의 산소와 결합하여 옥시미오글로빈으로 되는데 이때의 색은?

① 어두운 적자색   ② 선명한 적색

③ 어두운 회갈색   ④ 선명한 회갈색

정답 ②

19 다음 물질 중 동물성 색소는?

① 클로로필
② 플라보노이드
③ 헤모글로빈
④ 안토잔틴

정답 ③

20 재난의 원인요소가 아닌 것은?

① 인간(men)
② 기계(machine)
③ 매체(media)
④ 재료(material)

정답 ④

해설 재난 원인요소 : 인간(men), 기계(machine), 매체(media), 관리(management)

21 감자의 껍질을 벗겨두면 색이 변화되는데 이를 막기 위한 방법은?

① 물에 담근다.
② 냉장고에 보관한다.
③ 믹서기에 갈아둔다.
④ 공기 중에 방치한다.

정답 ①

해설 찬물에 담그거나 진공처리해서 공기를 차단하면 변색을 방지할 수 있다.(우엉, 감자 등)

22 다음 보기 내용의 ( ) 안에 알맞은 용어가 순서대로 나열된 것은?

> 당면과 감자, 고구마, 녹두가루에 첨가물을 혼합, 성형하여 ( )한 후 건조, 냉각하여 ( )시킨 것으로 열을 가해 ( )하여 먹는다.

① α화-β화-α화
② α화-α화-β화
③ β화-β화-α화
④ β화-α화-β화

정답 ①

23 대두에 관한 설명 중 틀린 것은?

① 콩 단백질의 주요 성분인 글리시닌은 글로불린에 속한다.
② 아미노산의 조성은 메티오닌, 시스테인이 많고 라이신, 트립토판이 적다.
③ 날콩에는 트립신 저해제가 함유되어 생식할 경우 단백질 효율을 저하시킨다.
④ 두유에 마그네슘이나 탄산칼슘을 첨가하여 단백질을 응고시킨 것이 두부이다.

정답 ②

해설 대두는 라이신, 트립토판의 함량이 높고 메티오닌, 시스테인 함량이 낮다.

24 적자색 양배추를 채썰어 물에 장시간 담가두었더니 탈색되었다. 이 현상의 원인이 되는 색소와 그 성질을 바르게 연결한 것은?

① 안토시아닌계 색소- 수용성
② 플라보노이드계 색소- 지용성
③ 헴계 색소- 수용성
④ 클로로필계 색소- 지용성

정답 ①

25 다음 보기에서 설명하는 영양소는?

> 인체의 미량원소로 주로 갑상선 호르몬인 싸이록신과 트리아이오도싸이록신의 구성원소로 갑상선에 들어 있으며, 원소의 기호는 I 이다.

① 요오드　　　　② 철
③ 마그네슘　　　④ 셀레늄

정답　①

26 완자탕 설명 중 바르지 않은 것을 고르시오.

① 고기의 부위와 상관없이 육수용과 완자용으로 나눈다.
② 불이 세면 국물이 탁해진다.
③ 두부와 고기를 많이 치대야 모양이 매끄럽게 나온다.
④ 붕오리탕이나 모리탕이라고도 불렀다.

정답　①
해설　완자탕 : 육수(사태살), 완자용(우둔살)

27 박력분에 대한 설명 중 옳은 것은?

① 마카로니 제조에 쓰인다.
② 우동 제조에 쓰인다.
③ 단백질 함량이 9% 이하이다.
④ 글루텐의 탄력성과 점성이 강하다.

정답　③

28 돼지의 지방조직을 가공하여 만든 것은?

① 헤머치즈　　　② 라드
③ 젤라틴　　　　④ 쇼트닝

정답　②

29 달걀을 삶은 직후 찬물에 넣어 식히면 노른자 주위 암녹색의 황화철이 적게 생기는데 그 이유는?

① 찬물이 스며들어가 황을 희석하기 때문
② 황화수소가 난각을 통하여 외부로 발산되기 때문
③ 찬물에 스며들어가 철분을 희석하기 때문
④ 외부의 기압이 낮아 황과 철분이 외부로 빠져 나오기 때문

정답　②

30 동태 손질 방법으로 바르지 않은 것은?

① 제일 먼저 비늘과 지느러미를 제거한다.
② 내장은 먹을 수 있는 부분과 없는 부분을 구분하여 사용한다.
③ 주둥이와 아가미를 제거한다.
④ 비늘을 제거할 때는 머리 쪽에서 꼬리 쪽으로 제거한다.

정답　④
해설　비늘은 꼬리 쪽에서 머리 쪽으로 제거한다.

31 급식시설 종류별 단체급식의 목적으로 틀린 것은?

① 학교급식 - 심신의 건전한 발달과 올바른 식습관 형성
② 군대급식 - 체력 및 건강증진으로 체력단련 유도
③ 사회복지시설 - 작업능률을 높이고, 효과적인 생산성 향상
④ 병원급식 - 환자상태에 따라 특별식을 급식하여 질병 치료나 증상 회복을 촉진

[정답] ③
[해설] 산업체 급식 : 작업능률을 높이고 생산성을 향상시킴

32 전자레인지의 주된 조리 원리는?

① 복사   ② 전도
③ 대류   ④ 초단파

[정답] ④
[해설] 전자레인지 : 전기에너지를 극초단파로 발생시켜 열을 발생시키는 원리

33 달걀의 이용이 바르게 연결된 것은?

① 농후제 - 크로켓
② 결합제 - 만두속
③ 팽창제 - 커스터드
④ 유화제 - 푸딩

[정답] ②

34 달걀 삶기에 대한 설명 중 틀린 것은?

① 달걀을 완숙하려면 98~100°C의 온도에서 12분 정도 삶아야 한다.
② 삶은 달걀을 냉수에 즉시 담그면 부피가 수축하여 난각의 공간이 생기므로 껍질이 잘 벗겨진다.
③ 달걀을 오래 삶으면 난황 주위에 생기는 황화수소는 녹색이며 이로 인해 녹변이 된다.
④ 달걀은 70°C 이상의 온도에서 난황과 난백이 모두 응고된다.

[정답] ③
[해설] 녹변현상 : 난황(철), 난백(황화수소)의 결합으로 황화철 현상

35 식품조리의 목적과 가장 거리가 먼 것은?

① 식품이 지니고 있는 영양소의 손실을 최대한 적게 하기 위해
② 각 식품의 성분이 잘 조화되어 풍미를 돋우게 하기 위해
③ 외관상으로 식욕을 자극하기 위해
④ 질병을 예방하고 치료하기 위해

[정답] ④

36 식품구입 시의 감별법으로 틀린 것은?

① 육류가공품인 소시지의 색은 담홍색이며 탄력성이 없는 것
② 밀가루는 잘 건조되고 덩어리가 없으며 냄새가 없는 것
③ 감자는 굵고 상처가 없으며 발아되지 않은 것
④ 생선은 탄력이 있고 아가미는 선홍색이며 눈알이 맑은 것

[정답] ①

37 검수를 위한 설비 및 기구의 설명으로 바르지 않은 것은?

① 검수구역은 540룩스 이상이어야 한다.
② 물품과 사람이 이동하기에 충분한 공간으로 설비 및 기기류를 배치하여야 한다.
③ 측량도구는 저울만 필요하다.
④ 로딩독(loading dock)이 설치되어 있어야 한다.

정답 ③
해설 검수에 필요한 측량기구 : 저울, 계량컵, 온도계(접촉식, 비접촉식), 계산기, 염도계, 당도계 등

38 과일이 숙성함에 따라 일어나는 성분 변화가 아닌 것은?

① 과육이 첨차로 연해진다.
② 엽록소가 분해되면서 푸른색으로 옅어진다.
③ 비타민 C와 카로틴 함량이 증가한다.
④ 탄닌이 증가한다.

정답 ④
해설 과일 숙성하면 탄닌은 감소

39 마요네즈가 분리되는 경우가 아닌 것은?

① 기름의 양이 많을 때
② 기름을 첨가하고 천천히 저어주었을 때
③ 기름의 온도가 너무 낮을 때
④ 신선한 마요네즈를 조금 첨가했을 때

정답 ④

40 젤라틴을 사용하지 않은 것은?

① 양갱　　　② 아이스크림
③ 마시멜로우　④ 족편

정답 ①

41 일반적으로 맛있게 지어진 밥은 쌀 무게의 약 몇 배 정도의 물을 흡수하는가?

① 1.2~1.4배　② 2.2~2.4배
③ 3.2~3.4배　④ 4.2~5.4배

정답 ①

42 생선의 맛이 좋아지는 시기는?

① 산란기 몇 개월 전
② 산란기 때
③ 산란기 직후
④ 산란기 몇 개월 후

정답 ④

43 다음 식품 중 직접 가열하는 급속해동법이 많이 이용되는 것은?

① 생선　　　② 소고기
③ 냉동피자　④ 닭고기

정답 ③

44 다음 보기의 ( ) 안에 알맞은 말은?

> 두부를 새우젓국에 끓이면 물에 끓이는
> 것보다 더 (   )

① 단단해진다.
② 부드러워진다.
③ 구멍이 많이 생긴다.
④ 색깔이 하얗게 된다.

[정답] ②
[해설] 새우젓국에 두부를 끓이면 응고되는 것이
억제된다.

45 식미에 긴장감을 주고 식욕을 증진시
키며 살균작용을 돕는 매운맛 성분의
연결이 틀린 것은?

① 마늘-알리신   ② 생강- 진저롤
③ 산초- 호박산 ④ 고추- 캡사이신

[정답] ③
[해설] 산초–산쇼올

46 닭튀김을 하였을 때 살코기 색이 분홍
색을 나타내는 것은?

① 변질된 닭이므로 먹지 못한다.
② 병에 걸린 닭이므로 먹어서는 안
된다.
③ 근육성분의 화학적 반응이므로 먹
어도 된다.
④ 닭의 크기가 클수록 분홍 변화가 심
하다.

[정답] ③
[해설] 어린 닭일수록 근육의 분홍색화가 잘 나
타난다.

47 오이피클 제조 시 오이의 녹색이 녹갈
색으로 변하는 이유는?

① 클로로필리드가 생겨서
② 클로로필린이 생겨서
③ 페오피틴이 생겨서
④ 잔토필이 생겨서

[정답] ③

48 표준조리 레시피를 만들 때 포함되어
야 할 사항이 아닌 것은?

① 메뉴명   ② 조리시간
③ 1일 단가   ④ 조리방법

[정답] ③
[해설] 표준 레시피 : 메뉴명, 조리방법, 조리시
간, 조리도구, 조리과정 등

49 매월 고정적으로 포함해야 하는 경
비는?

① 지급운임
② 감가상각비
③ 복리후생비
④ 수당

[정답] ②

50 다음 자료에 의한 총원가를 산출하면 얼마인가?

직점재료비	170000원
간접재료비	55000원
직접노무비	80000원
간접노무비	50000원
직접경비	5000원
간접경비	65000원
판매경비	5500원
일반관리비	10000원

① 425,000원　② 430,500원
③ 435,000원　④ 440,500원

정답 ④

51 감염병과 주요한 감염경로가 틀린 것은?

① 공기감염- 폴리오
② 직접 접촉감염- 성병
③ 비말감염- 홍역
④ 절지동물 매개- 황열

정답 ①

해설 공기감염 : 결핵, 천연두, 인플루엔자

52 인공능동면역에 의하면 면역력이 강하게 형성되는 감염병은?

① 이질　　② 말라리아
③ 폴리오　④ 폐렴

정답 ③

해설 예방접종(능동면역) : 폴리오, 홍역, 결핵, 황열, 탄저 등

53 하수구처리방법 중에서 처리의 부산물로 메탄가스 발생이 많은 것은?

① 활성오니법
② 살수여상법
③ 혐기성처리법
④ 산화지법

정답 ③

해설 혐기성 처리법 : 무산소 상태에서 혐기성균이 증식하여 유기물 분해과정에서 메탄 및 유기산, 이산화탄소를 생성

54 곤충을 매개로 간접전파되는 감염병과 가장 거리가 먼 것은?

① 재귀열
② 말라리아
③ 인플루엔자
④ 쯔쯔가무시병

정답 ③

해설 인플루엔자는 비말감염

55 DPT 예방접종과 관계 없는 감염병은?

① 페스트　　② 디프테리아
③ 백일해　　④ 파상풍

정답 ①

56 미생물에 살균력이 가장 큰 것은?

① 자외선　　② 가시광선
③ 적외선　　④ 라디오파

정답 ①

57 군집독의 가장 큰 원인은?

① 실내 공기의 이화학적 조성의 변화 때문이다.

② 실내의 생물학적 변화 때문이다.

③ 실내공기 중 산소의 부족 때문이다.

④ 실내기온이 증가하여 너무 덥기 때문이다.

[정답] ①

[해설] 군집독 : 다수인이 밀집한 곳에 실내 공기가 화학적 조성이나 물리적 조성의 변화로 불쾌감, 두통, 권태, 현기증, 구토 등이 발생하는 생리적 이상현상

58 꿩고기에 소금, 파, 기름, 깨소금, 후춧가루를 한데 섞어서 꿩고기 안팎으로 발라가며 구운 적은?

① 장산적   ② 간산적

③ 생치적   ④ 양산적

[정답] ③

59 예방접종이 감염병 관리상 갖는 의미는?

① 병원소의 제거

② 감염원 제거

③ 환경관리

④ 감수성 숙주의 관리

[정답] ④

60 우리나라에서 사회보험에 해당되지 않은 것은?

① 생명보험   ② 국민보험

③ 고용보험   ④ 건강보험

[정답] ①

[해설] 사회보험 : 국민연금, 건강보험, 고용보험, 산재보험

01 식품에 존재하는 유기물질을 고온으로 가열할 때 단백질이나 지방이 분해되어 생기는 유해물질은?

① 에틸카바메이트(ethylcarbamate)
② 다환방향족탄화수소(polycyclic aromatic hydrocarbon)
③ 엔-니트로소아민(N-nitrosoamine)
④ 메탄올(methanol)

[정답] ②
[해설] 다환방향족탄화수소(polycyclic aromatic hydrocarbon) : 고기를 구울 때 생기는 미량의 물질로도 암이 유발됨

02 식품의 위생과 관련된 곰팡이의 특징이 아닌 것은?

① 건조식품을 잘 변질시킨다.
② 대부분 생육에 산소를 요구하는 절대 호기성 미생물이다.
③ 곰팡이독을 생성하는 것도 있다.
④ 일반적으로 생육 속도가 세균에 비해 빠르다.

[정답] ④

03 다음 중 대장균의 최적증식온도 범위는?

① 0~5°C
② 5~10°C
③ 30~40°C
④ 55~75°C

[정답] ③
[해설] 대장균은 수질오염에 지표균이다.

04 모든 미생물을 제거하여 무균 상태로 하는 조작은?

① 소독   ② 살균
③ 멸균   ④ 정균

[정답] ③

05 60°C에서 30분간 가열하면 식품 안전에 위해가 되지 않는 세균은?

① 살모넬라균
② 클로스트리디움 보툴리누스균
③ 황색포도상구균
④ 장구균

[정답] ①

06 육류발색제로 사용되는 아질산염이 산성 조건에서 식품 성분과 반응하여 생성되는 발암성 물질은?

① 지질과산화물(aldehyde)
② 벤조피렌(benzopyrene)
③ 니트로사민(nitrosamine)
④ 포름알데히드(formaldehyde)

[정답] ③

[해설] 니트로사민(nitrosamine) : 햄, 소시지 가공 시 색을 유지하기 위해 첨가된 발색제, 질산염과 아질산으로 변화한 후 단백질 분해산물인 아민과 반응하여 니트로사민(발암물질)을 형성

07 전자레인지의 주된 조리 원리는?

① 복사　　　② 전도
③ 대류　　　④ 초단파

[정답] ④

08 식품과 자연독의 연결이 맞는 것은?

① 독버섯- 솔라닌(solanine)
② 감자- 무스카린(muscarine)
③ 살구씨- 파세오루나틴(phaseolunatin)
④ 목화씨- 고시폴(gossypol)

[정답] ④

09 식품첨가물 중 보존료의 목적을 가장 잘 표현한 것은?

① 산도조절
② 미생물에 의한 부패 방지
③ 산화에 의한 변패 방지

④ 가공과정에서 파괴되는 영양소 보충

[정답] ②

[해설] 보존료 : 미생물의 발육을 억제하고 부패를 방지하여 신선도를 유지
산미료 : 산도조절, 산화방지
강화제 : 부족한 영양소 보충

10 알레르기성 식중독을 유발하는 세균은?

① 병원성 대장균(E. Coli 0157; H7)
② 모르가넬라 모르가니(Morganella morganii)
③ 엔테로박터 사카자키(Enterobacter sakazakii)
④ 비브리오 콜레라(Vibrio cholerae)

[정답] ②

11 식품위생법상 식품위생 수준의 향상을 위하여 필요한 경우 조리사에게 교육을 받을 것을 명할 수 있는 자는?

① 관할시장
② 보건복지부장관
③ 식품의약품안전처장
④ 관할경찰서장

[정답] ③

[해설] 식품의약품안전처장 : 조리사, 영양사에게 식품위생 수준 및 자질의 향상을 위하여 2년마다 교육을 명함

12 식품위생법의 정의에 따른 "기구"에 해당하지 않은 것은?

① 식품 섭취에 사용되는 기구
② 식품 또는 식품첨가물에 직접 닿는 기구
③ 농산품 채취에 사용되는 기구
④ 식품 운반에 사용되는 기구

정답 ③

13 소금 절임 시 저장성이 좋아지는 이유는?

① pH가 낮아져 미생물이 살아갈 수 없는 환경이 조성된다.
② pH가 높아져 미생물이 살아갈 수 없는 환경이 조성된다.
③ 고삼투성에 의한 탈수효과로 미생물의 생육이 억제된다.
④ 저삼투성에 의한 탈수효과로 미생물의 생육이 억제된다.

정답 ③
해설 식품을 소금에 절일 때 수분의 농도가 낮은 곳에서 높은 곳으로 이동한다.

14 식품위생법상 "식품을 제조, 가공 또는 보존하는 과정에서 식품에 넣거나 섞는 물질 또는 식품을 적시는 등에 사용되는 물질"로 정의된 것은?

① 식품첨가물   ② 화학적 합성품
③ 항생제   ④ 의약품

정답 ①

15 식품위생법상 식품접객업 영업을 하려는 자는 몇 시간의 식품위생교육을 미리 받아야 하는가?

① 2시간   ② 4시간
③ 6시간   ④ 8시간

정답 ③

16 카세인(casein)은 어떤 단백질에 속하는가?

① 당단백질   ② 지단백질
③ 유도단백질   ④ 인단백질

정답 ④

17 전분식품의 노화를 억제하는 방법으로 적합하지 않은 것은?

① 설탕을 첨가한다.
② 식품을 냉장 보관한다.
③ 식품의 수분 함량을 15% 이하로 한다.
④ 유화제를 사용한다.

정답 ②

18 고추장으로 간을 한 찌개의 명칭은?

① 조치   ② 전골
③ 지짐이   ④ 감정

정답 ④

19 유지를 가열할 때 생기는 변화에 대한 설명으로 틀린 것은?

① 유리지방산의 함량이 높아지므로 발연점이 낮아진다.
② 연기 성분으로 알데히드(aldehyde), 케톤(ketone) 등이 생성된다.
③ 요오드값이 높아진다.
④ 중합반응에 의한 점도가 증가한다.

정답 ③

해설 유지를 오래 가열하면 요오드가 낮아지고 산가와 과산화물가는 높아진다.

20 완두콩 통조림을 가열하여도 녹색이 유지되는 것은 어떤 색소 때문인가?

① chlorophyll(클로로필)
② Cu-chloropyll(구리-클로로필)
③ Fe-chloropyll(철-클로로필)
④ chloropylline(클로로필린)

정답 ②

21 신맛 성분과 주요 소재 식품의 연결이 틀린 것은?

① 구연산(citric acid)- 감귤류
② 젖산(lactic acid)- 김치류
③ 호박산(succinic acid)- 늙은 호박
④ 주석산(tartaric acid)- 포도

정답 ③

22 미생물이 생육에 필요한 수분활성도의 크기로 옳은 것은?

① 세균 〉효모 〉곰팡이
② 곰팡이 〉세균 〉효모
③ 효모 〉곰팡이 〉세균
④ 세균 〉곰팡이 〉효모

정답 ①

23 튀김의 특징이 아닌 것은?

① 고온 단시간 가열로 영양소의 손실이 적다.
② 기름의 맛이 더해져 맛이 좋아진다.
③ 표면이 바삭바삭해 입안에서 촉감이 좋아진다.
④ 불미성분이 제거된다.

정답 ④

24 근채류 중 생식하는 것보다 기름에 볶는 조리법을 적용하는 것이 좋은 식품은?

① 무   ② 도구마
③ 토란   ④ 당근

정답 ④

해설 비타민 A는 지용성 비타민으로 기름(버터)을 이용한 요리를 하면 영양 흡수가 더 좋아진다.

25 다음 중 단백가가 가장 높은 식품은?

① 쇠고기   ② 달걀
③ 대두   ④ 버터

정답 ②

해설 단백가 : 필수아미노산의 양을 표준 단백질의 필수아미노산 조성과 비교한 수치

26 가정에서 많이 사용되는 다목적 밀가루는?

① 강력분　　② 중력분

③ 박력분　　④ 초강력분

정답 ②

27 산성식품에 해당하는 것은?

① 곡류　　② 사과

③ 감자　　④ 시금치

정답 ①

28 아미노산, 단백질 등이 당류와 반응하여 갈색 물질을 생성하는 것은?

① 폴리페놀 옥시다아제(polyphenol oxidase)

② 마이야르(Maillard) 반응

③ 캐러멜화(caramelization) 반응

④ 티로시나아제(tyrosinase) 반응

정답 ②

29 제조과정 중 단백질 변성에 의한 응고작용이 일어나지 않은 것은?

① 치즈 가공　　② 두부 제조

③ 달걀 삶기　　④ 딸기잼 제조

정답 ④

해설 잼의 3요소: 유기당, 펙틴, 당

30 난황에 주로 함유되어 있는 색소는?

① 클로로필

② 안토시안

③ 카로티노이드

④ 플라보노이드

정답 ③

31 튀김옷의 재료에 관한 설명으로 틀린 것은?

① 중조를 넣으면 탄산가스가 발생하면서 수분도 증발되어 바삭하다.

② 달걀을 넣으면 달걀 단백질의 응고로 수분 흡수가 방해되어 바삭하다.

③ 글루텐 함량이 높은 밀가루를 오랫동안 바삭한 상태로 유지한다.

④ 얼음물에 반죽하면 점도를 낮게 유지하여 바삭하게 된다.

정답 ③

32 식품구매 시 폐기율을 고려한 총발주량을 구하는 식은?

① 총발주량= (100-폐기율)×100×인원수

② 총발주량=[(정미중량-폐기율)/(100-가식률)]×100

③ 총발주량= (1인당 사용량-폐기율)×인원수

④ 총발주량=[정미중량/(100-폐기율)]×100×인원수

정답 ④

33 달걀을 이용한 음식의 연결이 잘못된 것은?

① 응고성-달걀찜
② 팽창제-시폰케이크
③ 간섭제-맑은장국
④ 유화성-마요네즈

정답 ③

34 냉장고 사용법으로 틀린 것은?

① 뜨거운 음식은 식혀서 냉장고에 보관한다.
② 문을 여닫는 횟수를 가능한 한 줄인다.
③ 온도가 낮으므로 장기간 보관해도 안전하다.
④ 식품의 수분이 건조되므로 밀봉하여 보관한다.

정답 ③

35 식품을 고를 때 채소류의 감별법으로 틀린 것은?

① 오이는 굵기가 고르며 만졌을 때 가시가 있고 무거운 느낌이 나는 것이 좋다.
② 당근은 일정한 굵기로 통통하고 마디나 뿔이 없는 것이 좋다.
③ 양배추는 가볍고 잎이 얇으며 신선하고 광택이 있는 것이 좋다.
④ 우엉은 껍질이 매끈하고 수염뿌리가 없는 것으로 굵기가 일정한 것이 좋다.

정답 ③

36 조리장의 설비에 대한 설명 중 부적합한 것은?

① 조리장 내벽은 바닥으로부터 5cm까지 수성 자재로 한다.
② 충분한 내구력이 있는 구조여야 한다.
③ 조리장에는 식품 및 식기류의 세척을 위한 위생적인 세척시설을 갖춘다.
④ 조리원 전용의 위생적 수세 시설을 갖춘다.

정답 ①

37 고추장에 대한 설명으로 틀린 것은?

① 고추장은 곡류, 메줏가루, 소금, 고춧가루, 물을 원료로 제조한다.
② 고추장의 구수한 맛은 단백질이 분해하여 생긴 맛이다.
③ 고추장은 된장보다 단맛이 약하다.
④ 고추장의 전분 원료로 찹쌀가루, 보릿가루, 밀가루를 사용한다.

정답 ③

38 다음 원가의 구성에 해당하는 것은?

① 판매가격　　② 간접원가
③ 제조원가　　④ 총원가

정답 ③

39 조리 시 일어나는 현상과 그 원인으로 연결이 틀린 것은?

① 장조림 고기가 단단하고 잘 찢어지지 않음 → 물에 먼저 삶은 후 양념 간장을 넣어 약한 불로 서서히 조렸기 때문
② 튀긴 도넛에 기름 흡수가 많음 → 낮은 온도에서 튀겼기 때문
③ 오이무침이 누렇게 변함 → 식초를 미리 넣었기 때문
④ 생선을 굽는데 석쇠에 붙어 잘 떨어지지 않음 → 석쇠를 달구지 않았기 때문

[정답] ①

40 식단을 작성할 때 구비해야 하는 자료로 가장 거리가 먼 것은?

① 계절 식품표
② 비품, 기기 위생점검표
③ 대치 식품표
④ 식품영양구성품

[정답] ②

41 탈수가 일어나지 않으면서 간이 맞도록 생선을 구우려면 일반적으로 생선 중량 대비 소금의 양은 얼마가 가장 적당한가?

① 0.1% ② 2%
③ 16% ④ 20%

[정답] ②

42 생선에 레몬즙을 뿌렸을 때 나타나는 현상이 아닌 것은?

① 신맛이 가해져서 생선이 부드러워진다.
② 생선의 비린내가 감소한다.
③ pH가 산성이 되어 미생물 증식이 억제된다.
④ 단백질이 응고되어 생선이 단단해진다.

[정답] ①

[해설] 레몬즙, 식초와 같은 산성물질이 생선에 가해지면 살균효과 및 단백질이 응고되어 단단해진다.

43 약과를 반주할 때 필요 이상으로 기름과 설탕을 넣으면 어떤 현상이 일어나는가?

① 매끈하고 모양이 좋아진다.
② 튀길 때 둥글게 부푼다.
③ 튀길 때 모양이 풀어진다.
④ 켜가 좋게 된다.

[정답] ③

44 육류조리에 대한 설명으로 맞는 것은?

① 육류를 오래 끓이면 질긴 지방조직인 콜라겐이 젤라틴화되어 국물이 맛있게 된다.
② 목심, 양지, 사태는 건열조리에 적당하다.
③ 편육을 만들 때 고기는 처음부터 찬물에 삶는다.
④ 육류를 찬물에 넣어 끓이면 맛 성분의 용출이 용이해져 국물 맛이 좋

아진다.

[정답] ④

45 단체급식에서 식품의 재고관리에 대한 설명으로 틀린 것은?

① 각 식품의 적당한 재고기간을 파악하여 이용하도록 한다.
② 식품의 특이성이나 사용빈도 등을 고려하여 저장 장소를 정한다.
③ 비상시를 대비하여 가능한 한 많은 재고량을 확보할 필요가 있다.
④ 먼저 구입한 것은 먼저 소비한다.

[정답] ③

46 식혜에 대한 설명으로 틀린 것은?

① 전분이 아밀라아제에 의해 당화되어 맥아당 포도당을 생성한다.
② 밥을 지은 후 엿기름을 부어 효소반응이 잘 일어나도록 한다.
③ 80°C의 온도가 유지되어야 효소반응이 잘 일어나 밥알이 뜨기 시작한다.
④ 식혜 물에 뜨기 시작한 밥알은 건져내어 냉수에 헹구어 놓았다가 차게 식힌 식혜에 띄워 낸다.

[정답] ③

47 중조를 넣어 콩을 삶을 때 가장 문제가 되는 것은?

① 비타민 B_1의 파괴가 촉진됨
② 콩이 잘 무르지 않음
③ 조리수가 많이 필요함

④ 조리시간이 길어짐

[정답] ①

48 고기를 연하게 하기 위해 사용하는 과일에 들어 있는 단백질 분해효소가 아닌 것은?

① 피신(ficin)
② 브로멜린(bromelin)
③ 파파인(papain)
④ 아밀라아제(amylase)

[정답] ④

[해설] 아밀라아제(amylase) : 탄수화물 분해효소

49 찹쌀떡이 멥쌀떡보다 더 늦게 굳는 이유는?

① pH가 낮기 때문에
② 수분함량이 적기 때문에
③ 아밀로오스의 함량이 많기 때문에
④ 아밀로펙틴의 함량이 많기 때문에

[정답] ④

50 다음 중 일반적으로 폐기율이 가장 높은 식품은?

① 살코기　　② 달걀
③ 생선　　　④ 곡류

[정답] ③

51 하수오염 조사 방법과 관련이 없는 것은?

① THM의 측정 ② COD의 측정
③ DO의 측정 ④ BOD의 측정

정답 ④

해설 하수오염 조사 : COD(화학적 산소요구량), DO(용존산소량), BOD(생화학적 산소요구량)

52 다음 중 가장 강한 살균력을 갖는 것은?

① 적외선 ② 자외선
③ 가시광선 ④ 근적외선

정답 ②

53 호흡기계 감염병이 아닌 것은?

① 폴리오 ② 홍역
③ 백일해 ④ 디프테리아

정답 ①

54 식품검수 방법의 연결이 틀린 것은?

① 화학적 방법: 영양소의 분석, 첨가물, 유해성분 등을 검출하는 방법
② 검정적 방법: 식품의 중량, 부피, 크기 등을 측정하는 방법
③ 물리학적 방법: 식품의 비중, 경도, 점도, 빙점 등을 측정하는 방법
④ 생화학적 방법: 효소반응, 효소활성도, 수소이온농도 등을 측정하는 방법

정답 ②

해설 검정적 방법: 현미경을 통해 식품의 세포나 조직의 모양, 병원균, 기생충, 불순물의 존재 검사방법

55 대상집단의 조직체가 급식운영을 직접하는 형태는?

① 준위탁급식 ② 위탁급식
③ 직영급식 ④ 협동조합급식

정답 ③

56 감각온도의 3요소가 아닌 것은?

① 기온 ② 기습
③ 기류 ④ 기압

정답 ④

57 수라상의 찬품 가지수는?

① 5첩 ② 7첩
③ 9첩 ④ 12첩

정답 ④

58 계량 방법이 잘못된 것은?

① 된장, 흑설탕은 꼭꼭 눌러 담아 수평으로 깎아서 계량한다.
② 우유는 투명기구를 사용하여 액체 표면의 윗부분을 눈과 수평으로 하여 계량한다.
③ 저울은 반드시 수평한 곳에서 0으로 맞추고 사용한다.
④ 마가린은 실온일 때 꼭꼭 눌러 담아 평평한 것으로 깎아 계량한다.

정답 ②

59 폐기물 소각 처리 시의 가장 큰 문제점은?

① 악취가 발생되며 수질이 오염된다.
② 다이옥신이 발생한다.
③ 처리방법이 불쾌하다.
④ 지반이 약화되고 균열이 생길 수 있다.

정답 ②

60 공중보건사업과 거리가 먼 것은?

① 보건교육
② 인구보건
③ 감염병 치료
④ 보건행정

정답 ③

김종복

- 롯데시티호텔 대전시 카페 총주방장
- 대덕대학교 호텔외식조리학과 겸임교수
- 사)한국조리사협회 중앙회 대전광역시지회 유성구지부장
- 우송대학원 Culinary-MBA 석사
- 전) 충남도립대 겸임교수
- 전) 유성호텔 수석주방장
- 농림수산부 약선요리수석연구원(충남, 중부대학교)
- 비빔장 특허 – 선임연구원
- 빨간짜장 특허 – 선임연구원
- K-WACS 국제요리경연대회 금상
- 국제요리대회 – 양식5코스 금상
- 국제요리대회특화요리(약선부문) 금상
- 2016 힐링챌린지요리대회 금상, 카빙부문 대상
- 제4회 한식의 날 전시요리 금상
- 한국기술자격검정원 대전지사 자격시험 감독위원
- 2016 국제요리대회 심사위원 위촉
- 군가족 우리농산물요리대회 심사위원장 위촉
- 2017힐링챌린지 · 제요리대회 심사위원
- 2017대전 음식문화박람회 심사위원
- Chef Korea 식품조각지도사
- 김영삼대통령 의전행사
- 김대중대통령 의전행사
- 박근혜대통령 의전행사 3회
- 정운찬 국무총리 의전행사 5회
- 세종청사 국무총리실 의전총괄주방장
- 서울특별시장 박원순 표창
- 대전광역시교육감 설동호 표창
- 대전광역시장 권선택 표창
- 국회의원 박병석 표창
- 국회의원 이상민 표창
- 국회의원 신상진 표창
- 국회의원 박영순 표창
- 한국조리사협회 김정학 표창
- 한국조리사중앙회장 남춘화 표창
- 직능경제단체 총연합회장 오호석 표창
- 한국조리사 우수지도자상(2014~2018)

황은경

- 경북전문대학교 호텔조리제빵과 교수
- 경북농민사관학교 발효저장식품개발과정 책임교수
- 한국사찰음식문화협회 운영위원장
- 한국음식관광협회 경북지회장
- 경북농식품유통혁신위원회 위원
- 경남대학교 경영학박사
- 대구한의대학교 이학박사
- 제29호 대한민국 조리명인(한국음식관광협회)
- 전) 경북농어업자유무역협정대책 특별위원
- 전) 제 1, 2회 대한민국산채박람회 운영위원장
- 생활약선요리 외 6권
- 국회의장상(한국음식문화상품화) 수상 외 다수

저자와의
합의하에
인지첩부
생략

한식조리기능사 실기+필기

2022년 3월 15일 초판 1쇄 인쇄
2022년 3월 20일 초판 1쇄 발행

지은이 김종복 · 황은경
펴낸이 진욱상
펴낸곳 (주)백산출판사
교 정 성인숙
본문디자인 이문희
표지디자인 오정은

등 록 2017년 5월 29일 제406-2017-000058호
주 소 경기도 파주시 회동길 370(백산빌딩 3층)
전 화 02-914-1621(代)
팩 스 031-955-9911
이메일 edit@ibaeksan.kr
홈페이지 www.ibaeksan.kr

ISBN 979-11-6567-499-1 13590
값 15,000원